# 都市重建之道
## 宜居创意城市村庄

# The Tao of Urban Rejuvenation
## Building a Livable Creative Urban Village

[美] 卢伟民　著
林铮颢　译
李根华　校

中国建筑工业出版社

**图书在版编目（CIP）数据**

都市重建之道　宜居创意城市村庄／（美）卢伟民著；林铮颢译.
北京：中国建筑工业出版社，2017.3
ISBN 978-7-112-20379-6

I.①都… II.①卢… ②林… III.①城市建设－研究 IV.①TU-984

中国版本图书馆CIP数据核字（2017）第023504号


图文审定：卢伟民
责任编辑：戚琳琳　孙书妍
责任校对：陈晶晶　焦　乐

**都市重建之道**
宜居创意城市村庄

[美] 卢伟民　著
　　　林铮颢　译
　　　李根华　校
＊
中国建筑工业出版社出版、发行（北京海淀三里河路9号）
各地新华书店、建筑书店经销
北京美光设计制版有限公司制版
北京顺诚彩色印刷有限公司制版
＊
开本：787×1092毫米　1/16　印张：13¾　字数：232千字
2017年3月第一版　2017年3月第一次印刷
定价：98.00元
ISBN 978-7-112-20379-6
　　　(28448)

# 目 录

# 中文版序一

## 撷取东西方文化之长

我们终于很高兴地等到了卢伟民先生英文著作《都市重建之道》(The Tao of Urban Rejuvenation)译成中文在台北出版了。

自己在美国读书、教书及生活的四十多年中,伟民是我认识的华人知识分子中一位杰出的人才(另一位是加利福尼亚大学伯克利校区前校长田长霖)。伟民是国际著名的都市规划专家,拥有专业外深厚的人文素养;他也积极参与美国社会的公共事务,是一位受人瞩目的华裔代表,因此他也被推举为美国"百人会"的资深会员。此外,他与夫人住于明尼阿波利斯多年,花了不少时间与精力,热心帮助初到美国奋斗的来自中国台湾、大陆、香港等地的留学生。

他的都市规划专业,不仅使美国的双子城(明尼阿波利斯和圣保罗市)及杜勒斯等城受益,他也远赴台北、北京、上海、首尔、东京等地,或担任顾问,或进行讲座,分享他都市规划应融合中西文化、历史与现代的深邃看法,进而改变人民在这些城市中的生活质量及都市面貌。

正如他自述:中华文化强调传统的延伸,美国文化强调求新求变,在两个竞争性的文化中,"我心中经常会体会拔河比赛般的挣扎。"最后他从自己的"设计"与"书法"中,逐渐把自己的双重传承,化冲突为和解。他深深感受到"沿袭不变"会带来"停滞","变而无续"会带来"不安","取得适当的平衡"才是最佳选择。因此,他的一生努力于在都市重建中"找出传统与创新的和谐",以及寻求"新旧的和谐"。正因为这些建树,他得过很多建筑奖及设计奖,包括里根总统在白宫授予的贡献奖。

伟民的都市规划与重建的基本精神,是在撷取东西方文化之长,因此其成果屡屡使人惊艳(参阅书中多张精选的图片)。美国众议员贝蒂·麦科勒姆(Betty McCollum)有这样的称赞:卢伟民这位大师,身为国际闻名的都市规划和设计师,成功地塑造了历史和现代、自然与都会、创意和心境平衡的城市环境。

本书叙述了伟民四十余年的工作经验,文情并茂地细述"都市重建之道",它会使东西方的读者,特别是从事都市规划与生活在都市里的,得益良多。

高希均

远见杂志·天下文化创办人

2013.6.3

# 中文版序二

　　卢伟民先生的《都市重建之道》一书将在国内出版，我感到十分高兴！卢先生是国内很多城市规划部门和建筑、规划同行们所熟知的美籍华人专家，三十多年来，他应邀参与过国内多个城市的规划指导和咨询工作，提出了许多真知灼见，先后被北京、南京等城市政府聘为城市规划顾问。

　　卢先生出身建筑世家，深受中西文化的影响，尤其是中国书法和中西艺术文化的熏陶。他深刻理解中美文化的差异，他认为中华文化强调连续，美国文化强调改变，两者应适当的平衡。他从理论—实践—理论中形成自己的哲学观点，并贯彻于城市的开发与复兴之中。

　　卢先生在美国达拉斯、明尼阿波利斯、圣保罗以及其他诸多城市的工作实践，尤其是对于历史城市、历史建筑的保护与复兴作出了卓越的贡献，由此，他获得过多项荣誉和奖项，包括1985年颁发的美国总统奖。本人有幸于2007年10月应邀赴美参加在明尼阿波利斯召开的美国古迹保护协会年会，亲睹了卢伟民先生对明尼阿波利斯和圣保罗市的保护与复兴工作，其价值不仅是很好地保护了许多历史建筑及其环境，还在于积极地吸引并融入新的城市功能，使历史建筑或历史地区焕发了新的生机和活力，从而进一步提升了城市的历史文化价值、品位和吸引力。

　　从卢先生的规划工作经历和经验，我深切体会到作为一个城市规划师，不仅仅是做策划、绘图、做方案，而且很大程度上是要做大量的社会组织协调工作，尤其要与司法、政府、企业、市民等方方面面做深入细致的工作，包括财务计划和运作等等，才能使规划目标得以逐步实现。

　　目前我国的城市建设处于快速发展阶段，面临着旧城的保护与更新、产业的转移与升级、城中村的改造与提升等问题，我们需要学习很多国内外的有益经验。

　　卢先生的这本著作是其毕生的知识和实践经验的总结，特别是他特殊的文化背景和丰富的阅历，使得他的著作在国内出版发行更具借鉴意义，必将受到国内广大同行的欢迎，并望对我国城市规划建设事业的健康发展产生积极的影响。

柯焕章

# 中文版序三

能在卢伟民先生著作前写上几句，诚为我的荣幸。

2005年我有机会结识卢伟民先生，要感谢时任中国城市规划协会副会长、北京市规划设计院老院长柯焕章先生的引见。当时我担任南京市规划局局长，负责国家立项的"侵华日军南京大屠杀遇难同胞纪念馆扩建工程"的规划设计工作。卢伟民先生作为美国华人"百人会"副主席、美国住房和城市发展部中国交流计划顾问、北京市政府城市规划顾问参加了国际方案征集和大学生方案竞赛专家委员会，发表了重要意见，对于方案的评选和项目的实施起到积极的建言献策作用。

我再次见到伟民先生，是2008年他来南京参加第四届世界城市论坛时。世界城市论坛由联合国人居署主办，每两年一次，是联合国有关世界城市发展的国际高端论坛。第四届世界城市论坛以"和谐的城镇化"为主题，会上卢伟民先生提出了要构建具有"山水人情、东方气质的中国城市"。也是那一年，我方得知低调的伟民先生的父亲是民国著名的建筑师卢毓骏教授，他是民国政府考试院的设计者。此后，行走在绿荫蔽日、传统建筑文化氛围浓厚的南京市政府大院（原民国政府考试院所在地）时，我常常想起伟民先生关于构建具有东方气质的中国城市的论述。2011年，我所在的江苏省建设厅率先制定下发了《关于加快提升江苏城乡空间品质的意见》，提请省政府建立了江苏省设计大师（城乡规划、建筑、园林）命名表彰制度，并联合中国建筑学会、中国城市规划学会、中国风景园林学会发布了《江苏城乡空间品质提升与文化追求——2011江苏共识》。现在，在2015年中央城市工作会议召开之际，在全社会反思中国城镇文化特色缺失之时，回想伟民先生当年的论述，更觉有前瞻和指导意义。

前不久，伟民先生又赠阅繁体字版大作《都市重建之道——宜居创意城市村庄》。读后感慨良多，在中国倡导推进新型城镇化、促进城镇化由外延扩张型向内涵提升型转变之时，城市更新、都市重建的议题比以往更加重要。伟民先生著作的字里行间，凸显了一个具有人文理想的规划师在务实实践岗位上的不懈追求，数十年如一日，其间经历无数的困境挑战和波折反复，最终通过坚持不懈的努力和创新创意的工作，换来了地区的改善和城市的复兴。一个规划设计大师，把自己的专业发展与服务城市的进步有机融为一体，这一境界，又是多少发表一时慷慨激昂言辞的规划师们能够企及的！

　　伟民先生邀我为他著作的简体字版作短序，我先诚惶诚恐婉拒。当伟民先生告诉我：他希望从规划设计的角度，为中国新型城镇化的推进奉献海外赤子的拳拳爱国之心，并借由我联系祖国大陆的年轻规划一代时，我无法不应。虽然我已不再年轻，但确在成长过程中得到了无数规划前辈的关心帮助和悉心指导，我想这其中就体现了中国文化的世代传承。伟民先生身上同时融合了东方传统和专业精神，所以我记录下和他相识的过程和个人的感悟，权作为序，以感谢其在年轻规划师成长过程中给予的专业启迪和人格影响。

周岚博士

江苏省住房和城乡建设厅厅长

2015.12.20

# 英文版序一

　　同卢伟民先生合作了令人兴奋的十年，那是一种启示。在整合对保护及重建上不可或缺的要素方面，他展现出卓越的才华，并带给这项工作良好的设计意识。通过温和地劝说，他领导决策者和社区坚持每个开发步骤都必须尊重下城历史和建筑的完整性。

　　在读这本书的时候，我才了解到，卢伟民先生本身非凡的才华正是他自身对文化和专业历史的整合，而且他的理想——追求延续传统与推陈出新之间的平衡——大多已在下城实现。

　　另一位多才多艺的华裔美国人、地理学家段义孚先生提出，人类从地方感中得到寄托，并且将"地方"定义为：当历史和人类的经验被整合在他们所处的环境中，所创造出来的东西。在卢伟民先生的生涯里，尤其在他位于圣保罗市的作品中，实现了一种地方感，而且在其中世世代代都将繁荣昌盛。

　　当伟大又敬业的专家们获得社区领袖的明确支持时，他们可为居住在那些城市的人作出卓越的贡献。

乔治·拉蒂默（George Latimer）
美国明尼苏达州圣保罗市前市长

# 英文版序二

假使都市的定义，不过是沥青、石头、钢铁而已，那么"专注将来、漠视过去"，势将成为惯例。在追求现代化、功能、效率的前提下，很容易只认同去旧求新。

然而事实并非如此简单。在任何都市沿着街道行走，你途经的每栋建筑、每家店铺、每个人，都有一个和那个都市联结的故事。这是因为都市是活生生的，借着过去、现在、未来，不断发展和转型。

本书是一位大师的纪事。这位大师深知，人与空间及当地的联系，才是定义都市、形成社区乃至塑造都市生活的根本。欲保持一个都市生气蓬勃，需要愿景、创造力，以及来自企业和民选官员、社区居民及都市规划者的领导。成功地重建一个都市环境，不会自然发生，必须从各种各样和经常彼此竞争的利益中，找出平衡与共同点，并分享愿景。这需要一位大师来指导整个过程。

卢伟民先生正是一位这样的大师。身为国际闻名的城市规划和设计师，他在历史与现代、自然与都市环境、创新与继承之间找到平衡，帮助塑造我的家乡——明尼苏达州圣保罗市。

卢伟民先生在圣保罗下城的工作帮助将满是废弃仓库的街区转型为充满活力、蓬勃发展的社区，并充满创意和商业机会——一个艺术的庇护地。在他领导下城重建公司（LRC）的20多年间，一再活用数百万美元的公、私资金，对社区产生极大的影响。而且在LRC的规划、融资模式、投资之中，经常发生各种人际的联系，它聘请居民参与、挑战民选官员、尊重历史文化和明尼苏达首府城市独特的风格。

数年前LRC认为它已经成功完成使命并可以结束业务。下城仍然不断演变和成长，同时以创意的活力吸引着人们，这是卢伟民先生所留下的。他的工作和他在这本书里所说的故事，并没有结论。卢伟民先生的工作继续流向未来，就像密西西比河之水抚摸着下城。即使现在，卢伟民先生对下城的想法和规划，譬如联合车站的复原、布鲁斯·文托自然保护地、河滨花园，都有无穷的未来。

我很荣幸有机会和卢伟民先生合作。他是一位极为睿智和具有创造力的杰出伙伴。本书详述他将一个社区仿佛编成一场富有生命、自然、完美基础设施之舞的经验技巧。我看过这场舞蹈，更曾身在其中，而且它很美。

贝蒂·麦科勒姆（Betty McCollum）

美国众议员

# 前　言

虽然许多人对振兴中心城市感兴趣，但是很少人对重建工作的结果感到满意，不论他们身在何处。在这方面，许多人兜售政府与社会资本合作关系，却少有人描写这个合作过程中的挑战。那么，是什么让都市振兴在面对财务限制和新兴全球市场时，依旧得以运作？建立创意、宜居、可持续发展的城市，需要些什么？

我很荣幸以规划和开发专家的身份，在50多年里，参与在美国和亚洲的都市中利用政府与社会资本合作进行的重建项目。由于每个社区（和国家）都是特殊的，所以不会只凭一套过程和解决方式供所有人使用，我曾在许多情况下亲眼见过什么有效、什么无效。

接触每个新都市和项目，我都借助过去的经验，并收获新的经验。我在明尼阿波利斯所学的，启示我在达拉斯的工作；我在明尼阿波利斯、达拉斯与其他城市所学的，启示我在圣保罗的工作。在它们这些地方所学的，帮我做好大洋彼岸城市的工作，反之亦然。

很久以前的第二次世界大战期间，在我生活在中国的成长过程中，我经历、体验过贫穷与饥饿，这使我认同弱势群体，同时提醒我要给他们提供某些慰藉的希望。我的亚洲文化教育强调世代延续，然而我所领会的美国文化则注重革新与变化；我在工程方面接受的教育重视规则，而我在规划方面的学习使我认识并关注广泛的社会问题。我平生对艺术很感兴趣，特别是中国书法和现代艺术，为我开启了创意思考之路。我在东西方之间、在战争与和平之中、在与有权阶层和普通民众往来的所有经历，激发出可以被称为"共生都市重建"的想法。

这个解决方法的演变与实践，使我领悟到有效的都市重建的决定因素，同时它也可能有助于都市成长理论的发展。因此在这里分享我的经验——我在书中列举众多案例，以揭示在重建社区时，合作关系的复杂过程——希望城市领导者可以细察在失败和成功案例中得到的教训和经验，找出他们自己的解决办法。

都市重建，虽然不是一门科学，但是借鉴于经济、财政、社会学、生态学、工程学、成长管理分析，它也涉及公共艺术、建筑、景观设计、都市设计，以及人性、互动、冲突和政治。最重要的是，它借鉴于真实世界的经验。这样的跨学科过程，在良好的执行和反映下，变成它自己的艺术，而且每样艺术都有其自身的工具。

　　对于那些正在酝酿中的都市重建，不论是自上而下，还是自下而上的努力，我通过各种角度（因此带着一些重复）、理由和原因、来龙去脉，试提出有效的都市重建的决定因素，包括：

- 良好的公益平台（civic infrastructure）
- 政府与社会资本合作关系
- 社区的参与及掌控权
- 策略性愿景，伴随连续的渐进行动
- 严守规则的融资
- 对变化的妥善回应
- 敏感的设计对话

　　就都市重建而言，这些和其他因素一起构成一种统合性的解决方式——不是都市更新，也不是一个没有实际效果的口号，而是一项持续的设想和沟通过程，一种不同力量的不断合成，进而产生好的结果。这是通往健康、有吸引力、可靠、多样、包容，兼具根植于地方文化却又拥有全球视野的都市之道。这个过程并非一个不连贯的过程，而是一群真实的人在真实的社区里，朝着一个共享的策略性愿景而努力，并采取慎重、坚持的脚步，走向一个适合工作和生活的伟大都市。这是互相联系且牵一发而动全身的过程。

　　曾成长于儒家社会，我在美国亲身学习民主，圣保罗下城的重建是通过长年与开明的社区领袖的合作而得，尤其是下城重建公司（LRC）的创立者——麦肯奈特基金会的鲁塞尔·埃瓦尔（Russell Ewald），以及圣保罗市市长乔治·拉蒂默；下城重建公司董事会长期领导人，包括菲尔·内森（Phil Nason）、罗伯特·赫斯（Robert Hess）、理查德·斯莱德（Richard Slade）、埃米莉·西塞（Emily Sissel）；麦肯奈特基金会前总裁迈克尔·奥基夫（Michael O'KeeFe）和里普·拉普生（Rip Rapson）；社区领袖约翰·曼尼洛（John Mannillo）、卡罗尔·凯里（Carol Carey）；美国众议员贝蒂·麦科勒姆；市议员凯西·兰崔（Kathy Lantry）；拉姆希县专员拉飞尔·奥尔特加（Rafel Ortega）；法律顾问布里格斯与摩根事务所（Briggs and Morgan）的罗恩·奥查德（Ron Orchard）、多西与惠特尼事务所（Dorsey and Whitney）的汤姆·凡德·莫伦（Tom Vander Molen）；建筑师米洛·汤普生（Milo Thompson）和克雷格·拉弗蒂（Craig Rafferty）；景观设计师唐·甘吉（Don Ganje）、玛乔丽·皮茨（Marjorie Pitz）；艺术家布拉德·戈德堡（Brad Goldberg）、卡普里切·格拉泽（Caprice Glaser）、马拉·甘布尔（Marla Gamble）；圣保罗公共艺术组织的克里斯蒂娜·波达斯－拉森（Christine Podas-Larson）；经济学家双子城的詹姆斯·麦库姆（James McComb）、华盛顿特区的罗伯特·赛勒（Robert Siler）；营销顾问梅里尔·布什（Merrill Busch）；Lower Phalen 的职员莎拉·克拉克（Sarah Clark）、埃米·米德尔汤（Amy Middletown）。

当下城重建公司董事会决定关闭公司时，他请我分享我的经验。我乐于写就本书，将这件作品献给以上友人，以及一路走来曾向他们学习的所有人。

还有其他为了出版而协助手稿和插图等准备工作的人。我尤其感谢理查德·斯莱德的睿智、埃伦·格林（Ellen Green）的编辑协助、马克·斯坦利（Mark Stanley）的平面设计，以及我妻子章瑛的支持。

但望在新与旧、东和西、经济发展及环境保护中寻求一种平衡之境。由此，愿我们共同建设一个创意、宜居、可持续发展的世界。

卢伟民

# 第一章　背景与序曲

道冲而用之，或不盈，
渊乎，似万物之宗。——老子

我成长于一个建筑师家庭。父亲在中国和法国接受过教育，受到现代主义的影响。他曾经担任考试院委员，终其一生教授规划与建筑，时常邀请学生到家里，母亲经常煮宵夜招待他们。

父亲对于复兴中国古典文学和中国古典建筑有着强烈的兴趣，也将勒·柯布西耶（Le Corbusier）的名作《明日之城》（The City of Tomorrow）译成中文。

他遵循道家的主张，相信人类与大自然及宇宙的和谐关系，所以他喜欢弗兰克·劳埃德·赖特（Frank Lloyd Wright）的作品，因为赖特在结合东西方美学上成就极高。他示我流水别墅（Fallingwater）之美，并指出赖特在这个建筑中尊重了老子"天人合一"的理念。

父亲也教导我有关城市规划的重要性。他认为只有好的建筑物并不够，建筑师必须在建筑物和它们周遭的环境之间，找出适当的关系。我对都市设计和规划的兴趣，便源于他的教导。

我成长于上海和南京，在交通大学学习工程学。当1949年春中国人民解放军即将进入上海时，我们举家迁往台湾，后毕业于成功大学。1953年赴美，在明尼苏达大学攻读工程学。一年后我获得硕士学位，并且在北卡罗来纳大学教堂山分校开始学习城市规划课程，当时还得到一笔研究生奖学金，资助我在那里的学习。

1946年，约翰·A·帕克（John A. Parker）在北卡罗来纳大学教堂山分校创立城市和区域规划学系，那是美国最早的规划学院之一，课程内容不限于城市造型设计，而是立足于广泛的跨学科研究。其他教师有斯图尔特·蔡平（Stuart Chapin），不但是著名的学者和规划师，也是名著《都市土地利用规划》（Urban Land Use Planning）一书的原著者；还有老练的都市设计师吉姆·韦布（Jim Webb），三角科学研究园（Research Triangle Park）的原始规划便是他提出的。此外还有社会学家、经济学家、交通工程师、政治科学家，以及法学家。

当时班级很小，每班差不多5个学生，因此，我们深受此领域中领军人物的个别关注。课程之外，还需夏季实习，我选了有名的波多黎各规划局，当时我为阿瓜布埃纳城做了一项都市规划。非常照顾学生的约翰·帕克是我的论文指导老师。随着1956年课程结束，我在1957年取得区域规划（M.R.P.）硕士学位。

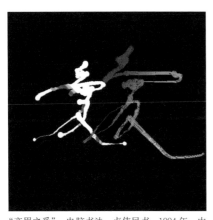

"古为今用，承先启后"
篆书，卢伟民，2002 年

在堪萨斯市担任两年规划人员之后，我有了一些积蓄，于是前往欧洲考察都市规划与开发。我通过了英国公务员考试，加入伦敦郡议会，研究大伦敦规划，并观察那时正在进行的新都市规划。在欧洲大陆，我考察了10 个国家，研究第二次世界大战后的重建工作，以及瑞典和丹麦的大都市规划和新都市开发。几年后，当我参加波兰和美国古迹保护会议时，我见到华沙的重建与克拉科夫的城市保护。这些经历给我留下了深刻的印象。

担任东京大学客座教授，使我有机会在日本不同的地方旅行，同时体验了在世界大都市中生活的嘈杂和在京都禅宗庭园里的宁静。

一路走来，我受惠于许多杰出的思想家和学者，还有他们的著作。例如凯文·林奇（Kevin Lynch）的《城市意象》（The Image of the City）、克里斯托弗·亚历山大（Christopher Alexander）的《模式的语言》（Pattern Language）、理查德·佛罗里达（Richard Florida）的《创意阶层的兴起》（The Rise of the Creative Class），以及威廉 .J. 米切尔（William J. Mitchell）的《e-托邦》（e-topia）。凯文·林奇成为我的良师益友，后来也参加了我的几个规划案。

我曾任职于美国国家规划团队——美国住房与城市发展部和美国历史保护信托会／扶助家庭基金的顾问；美国国家艺术基金会的专门小组成员；担任都市设计市长协会的教员，由此，我在都市规划方面获得一些全球性的观点，当机会来临时，可以做出微薄的贡献。

其他的师友，包括达拉斯代理市长阿德伦·哈里森（Adlene Harrison）、"达拉斯前瞻目标"主任布吕特·戈德博尔德（Bryghte Godbold）、圣保罗银行家菲尔·内森、圣保罗前市长乔治·拉蒂默、明尼阿波利斯社区负责人诺尔玛·奥尔森（Norma Olson），以及成为美国福音派路德宗教会主教的戴维·普罗伊斯（David Preus）。我从他们每个人身上学习到有关授权与重建都市的方法。

我的成长过程，一部分在中国，一部分在美国，因此，我是两种文化的产物，然而这两种文化经常很难融洽相处。大体来说，中华文化强调传统的延续，而美国文化强调求新求变。由于跨越两种文化，我心中经常体会拔河比赛般的挣扎。

我也是不同教育观点的产物，从中小学开始，我练习传统的中国书法。如同音乐和舞蹈，书法也和动作有关，每一笔画在运转中刺激着生

"齐眉之爱"，电脑书法，卢伟民书，1994 年，中国中央美术学院现代书法中心收藏。

《壮观的圣母峰》，卓鹤君，1987年传统中国山水画家创新和诠释传统的例子之一。

命，整体的结构寻求动态的平衡。伟大的书法散发出能量，这是透过视觉深入、理解、感受的结果。它的力量虽然在于它久远的传统，但传统却倾向抑制创新。在1990年代，我回到这门艺术里，向执教于明尼苏达大学的中国现代书法大家王冬龄学习更多的东西。我也曾通过在电脑上的数字探索，寻求一种新的笔意，以找出传统与创新之间的和谐，一种新旧的融合。

多年来，通过我的设计与书法，我逐渐和自己的双重传承所带来的冲突观点和解，同时明白沿袭不变将带来停滞与恶化，变而无序则带来不安稳与不确定。取得适当的平衡，才是这项挑战。

这一哲学适用于都市开发和重建——如同生命。旧的必须与新的并存。创新必须和历史伴生。我们不必为了更新而摧毁许多地区，我们也不必让许多地区深陷在过去的泥沼。规划师的工作是促进地区的正向改变，而不是去破坏它们的历史和认同。

当思考改变与延续两者的关系时，有时候我把视线转向东方。一千多年来，中国山水画家不断重新诠释过去，并承认先例是创新的基础。当我参观中国艺术研究院时，著名的中国艺术权威詹姆斯·卡希尔（James Cahill）告诉我：“所有伟大的艺术必须带有几分压抑。”这句箴言也同样适用于建筑。

另一个都市实验室“北京古城”，正经历着快速的改变。如何在保存历史中克服现代化的压力，是个持续不断的挑战。趁着受邀担任2008年北京奥运国际设计竞图评审的机会，我作了一次中国都市山水传统的演讲，并鼓励领导人借着更新北京而保留都市本身的光荣传统，来回应这次奥运。我遇到几位思想丰富的评审、中国建筑师和规划人员，他们都与我有同感。

在快速发展下，北京失去许多传统四合院住宅，同时饱受交通阻塞、空气污染之苦。承受现代化的压力，同时又要保留传统，是个持续的挑战。

北京，中国历史上在此建都超过800年，保留了几个世纪的城市建筑传统。在最近数十年，史无前例的发展对传统保护带来莫大考验。

延续数世纪的北京规划顺应风水，体现在中轴线和东／西轴线、高度和颜色控制，以及胡同（左）上，并将山水精神表现在景山（中）和"三海"（右）。

菊儿胡同（左）和香山饭店（右）是尊重传统和对未来开放探索的设计案例。

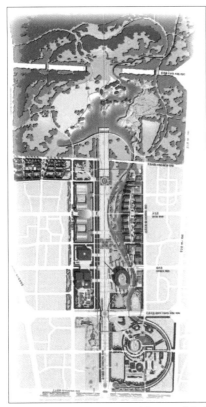

美国 Sasaki 建筑事务所和中国天津华汇工程建筑设计公司获胜的设计借着保留北边的森林公园，同时延伸一条河道至南边的前亚运会会场，以表达山水精神。

在菊儿胡同区的再开发上，清华大学建筑与城市研究所所长吴良镛教授成功保留了传统的四合院，同时利用加密方式扩充和改进生活空间。这是一个平衡改变与延续的好例子。

美籍华人建筑师贝聿铭受邀设计一栋在北京的新饭店，他避免了在古城的中心兴建摩天大楼，而在西郊香山建造一座中型建筑物。他受到中国本土建筑师，以及传统的苏州（贝家的源头）园林的启发，在香山饭店的设计里表达了对过去的敬意，建造出一座根源于传统的现代建筑。有些人称它为"贝氏后现代"。在某种程度上，香山饭店展示了那种带着延续的改变。

相比之下，历史稍短的都市，例如美国明尼苏达州的圣保罗市，虽然没有北京那么悠久，但他们拥有特殊的文化、特有的风格。明尼苏达州首府的雄伟、高峰大道的壮丽、下城地区的历史，以及密西西比河河谷之美，让圣保罗显得与众不同。每次前往明尼苏达州首府，我总是受到美国知名建筑大师凯斯·吉尔伯特（Cass Gilbert）的作品之启发。在我参观明尼苏达科学博物馆时，我惊叹于它的开放和诱人的外观、风雅的空间衔接，以及对密西西比河的开放感。

美国都市历史学家刘易斯·芒福德（Lewis Mumford）一度提出，多数美国人认为进步是"接受新事物，因为它是新的；抛弃旧事物，因为它是旧的"。我赞同芒福德的批评，拒绝那种对进步的诠释，并努力于"不草率弃旧，也不全盘迎新"，宁愿在改变和延续之间取得适当的平衡——建造真实的都市，而非像迪士尼乐园中的假都市。

我曾效力过的某些都市更新，尤其可以为这个信念和其结果作证。我

北京奥运国际设计竞图评审否决超高层大楼（左），赞同将比赛场地沿着而不是设置在中轴线上，商业开发则沿着水道的东边（中），以及保留森林公园（右）为绿色空间。

从上至下：船行于密西西比河；明尼苏达州政府大楼（知名建筑大师凯斯·吉尔伯特设计）；历史街区申密大道（Summit Ave.）上的住宅。

的工作先后分别在明尼阿波利斯、达拉斯、圣保罗三个地方开展，并在圣保罗下城重建公司（LRC）任职 26 年才结束。在那段日子里，LRC 协助设计和实现一个城市村庄的规划，使用的是复杂又微妙、结合了东西方影响的方法——更好的都市设计之"道"。

呈现在本书中的案例体现着多年来创新性的都市设计工作，并且包含不少难以获得的经验。曾经长时间且深入地在美国三个都市工作，以及为许多分布在世界各地的都市担任顾问，我珍惜来自任何都市再设计的挑战。成败与否经常取决于一个人对社区愿景的态度，以及对复杂决策过程的处理方法。

如同都市规划师凯文·林奇指出的，城市设计（city design）不同于项目设计（project design），因为后者针对特定的场地和客户。就项目来说，客户拥有土地而且——除了受制于城市法规之外——对设计拥有完全控制权。项目有个明确的开始与结束。相对地，城市设计是难以处理的。在城市设计中，场地广大、客户繁多、项目复杂、控制有限，而且在城市设计和开发里，并没有完工日期，因为一个阶段结束，另一个阶段旋即开始。

在此让我们先对明尼阿波利斯和达拉斯的经验做个浅谈，并且当作前奏，然后再进入强调创意、宜居、可持续发展的圣保罗都市更新，做更细致的研究。

## 前奏一：明尼阿波利斯

在 1950 年代，为了都市更新项目和州际高速公路建设，美国政府提供了一笔令政客们难以反对的巨额资金。这些项目对都市影响巨大，然而在如何保存较老的建筑或避免大规模迁移较贫穷的居民方面，则遭到忽视。基于建筑的更新并不会带来社会的再生，所以，虽然某些开明的规划者和领导人对这些项目提出质疑，但也无法阻止它们的进行。

直到 1950 年代后期，由于第二次世界大战后的都市郊区化，明尼阿波利斯市中心如同其他都市一般，也因快速的衰退而受到困扰。大量的居民和企业迁往郊外，因此都市和企业的领导人认识到，必须采取挽救市中心的措施。

1957 年，经过明尼阿波利斯规划部门组织研究后，市府改组，起用

明尼阿波利斯，"湖城"，是个适合居住的城市。

一位新的主任，并提供原先五倍的预算；市中心委员会积极和市府、社区共同合作，以重建市中心。明尼阿波利斯的大百货公司戴通公司（Dayton Corporation）的业主，聘请一位西海岸的市政官员担任该公司副总裁，他唯一的任务是改善市中心并与市府、社区合作。市府则通过设立市政协调员——相当于其他地方的市政经理——这一职位以强化城市管理。

也就在这个时候，我从欧洲返美，本拟前往西海岸找工作。而在我访问明尼阿波利斯时，我接受了市府的聘请，担任都市规划师及设计总监这个职位。从 1959 年到 1971 年的 12 年间，我做了各种工作，包括街区的保护、市中心开发、第一个双子城大都会区域规划。我向规划主任提交报告，而他和市政协调员、公共工程局长、其他部门的主管紧密合作。在草拟第一份为逆转颓势的市中心规划案时，规划部门和市中心议会、市政协调员协同工作。

## 两项市中心规划

我在 1959 年参加第一个市中心规划的开发，而后在 1969 年领导第二个 "都会中心' 85 规划案（The Metro Center' 85 plan）" 的草拟。这两项规划协助兴建了美国第一个市中心步行大道——尼可雷特步行大道（Nicollet Mall）、人行天桥系统（skyway system，二层楼上的步道系统，连接市中心的大楼和停车场），以及城市周边停车系统（fringe parking-garage system），它可直接连接高速公路，并减少市中心的交通拥堵。这三个规划案对于市中心的复苏影响深远。

在草拟 "都会中心' 85 规划案" 时，我们认识到明尼苏达大学大礼堂的欠缺，所以建议明尼苏达交响乐团从明尼苏达大学迁移到明尼阿波利斯市中心，作为密西西比河滨艺术中心的一部分。该中心包括音乐大厅、电影院、歌剧院、博物馆，以及紧邻密尔沃基铁路车站（Milwaukee Road Depot）的广场。市中心社区及乐团都支持这个想法，可是一家大型百货公司却希望乐团靠近它的店铺。因此，乐团的新大厅和百威广场（Peavey Plaza）设在尼可雷特步行大街和第十街的交叉口。30 年后，加斯瑞剧院（Guthrie Theater）和麦克菲尔音乐中心（MacPhail Center for Music）都选择坐落在河滨上，而书籍艺术中心（Center for Book Arts）也就在离它们不远的地方。

"都会中心' 85 规划案" 帮助引入了开发地区融资理念，而这一理

1950 年代明尼阿波利斯苦于投资缩减。始于 1950 年代末期和 1960 年代早期的规划工作，直到 1970 年代才开始复兴。

尼可雷特步行大道是早期完成的项目。

由人行天桥连接的巨大室内空间，使得市中心四季便于行走。

"都会中心'85 规划案"建议增建—个新的音乐厅、都市广场，以及更新的洛林公园街区。

明尼阿波利斯市中心盖特威区（Gateway-area）都市更新方案。

念导致在 1971 年通过了《明尼苏达税收增额财务法》(Tax Increment Financing, TIF)。随后又帮助市府启动洛林公园 (Loring Park) 街区更新计划，这是第一个倚靠地方而非联邦融资的方案，吸引各种不同住房到这个区域。在过去 20 年，重建扩展到市中心东南艾略特公园 (Elliot Park) 街区。自从 1971 年以来，TIF 法案帮助明尼苏达州的许多都市更新了它们的街区，对明尼苏达的都市来说，它依旧是最重要的融资工具之一。

"都会中心'85 规划案"建议沿着河滨兴建更多的住房和公园。实现这个愿景需时甚久，不过现在河滨弯道的南、北两边，正逐渐增加相当多的新房屋。这些地区补充了两个原有的市中心街区——洛林公园和艾略特公园街区。随着油价上涨、对于能源和其他可持续发展问题的觉醒，以及连接明尼阿波利斯和圣保罗市中心的轻轨捷运的建成，回归都市的趋势将会继续下去。

### 州际高速公路与都市更新计划

在 1950 年代和 1960 年代，有两项联邦计划，固然有它们的益处，却也强烈负面影响美国的都市。1949 年住房法为都市更新提供了联邦基金；1956 年联邦公路法则贷款给州际高速公路。都市更新计划驱逐了数百万人民和企业，尤其是穷人和小企业。高速公路计划虽然方便州际运输，但加重了都市的郊区化、瓦解都市的街区，以及加速了铁路运输的衰亡。拆除历史建筑，继而建造设计拙劣的替代物，剥夺了许多都市的形态和它们原有的"地方感"。结果很明显——未关注社会问题的结构更新，带来的不是更新，反而是社区的毁坏。

## 大都会大楼的拆除

当明尼阿波利斯市中心的规划开始进行时，盖特威区的"更新"正全面展开，同时在市中心北面也已经进行了 60 英亩的大规模拆除行动。

大都会大楼（Metropolitan Building，原西北担保贷款大楼，1890 年），是一座历史建筑，虽然继承了罗门纳斯克式建筑之美，却已被列入拆除名单。有些人想保留它，对房屋重建管理局提出控告，但却败诉，1961 年大都会大楼终于还是逃不过拆除的命运。目睹拥有理查德

20 世纪五六十年代，美国都市更新引起大规模拆迁，失去了历史和地方感。明尼阿波利斯市中心盖特威区都市更新方案亦无例外。

壮丽的大都会大楼的拆除引起公众抗议，促进保护的行动。

森式外观、利落的中庭、精致的玻璃电梯的美好建筑遭到拆毁，让我极为失望，但同时也启发我采取行动，避免未来同样的憾事再度发生。

## 对历史建筑保护所做的两项关键性研究

1965 年身为明尼阿波利斯市政府设计总监（Design Coordinator），我率先进行一项全市的都市设计研究，并与美国建筑师学会当地分会进行合作。同时，我担任新创立的都市环境委员会（Committee of Urban Environment）的规划师。在委员会的支持下，我启动了两项保护研究。

我们聘请建筑史学家唐纳德·托伯特（Donald Torbert）进行第一次明尼阿波利斯古迹调查，标出它们的建筑历史，在最初的名单中列出了 34 座以上值得保护的建筑。我们找到一位优秀的摄影师将这些建筑全面而精致地记录下来，帮助其他人了解和珍惜该都市的建筑遗产。接着我们聘请法律专家理查德·巴布科克（Richard Babcock），他曾帮助他的故乡芝加哥和其他都市制定条例，以保护和保存他们的历史建筑。在调查结果报告书中也提到必须采取立法行动。都市环境委员会全力支持这两项研究报告。

## 历史建筑保护

我们的工作引起一位明尼苏达州议员的注意，1971 年他向州议会提出一项基于我们研究成果起草的《文化遗产保护法草案》。我们和他一起针对停车优惠及暂停拆除等规定，共同完善这一草案。

在一个寒冷的一月的早晨，我到位于圣保罗的明尼苏达州议会大厦，

从左至右：市府发起第一个历史街区调查和保护历史街区的立法研究（左），促成了 1971 年《文化遗产保护法》的制定。法律通过后不久，巴特勒广场大楼被更新，接着是东南区河滨许多古建筑的更新（右）。

在南北市中心圈内，将许多仓库更新为阁楼变成一种趋势。

为保护行动的必要性与保护州内历史建筑条款的重要性作证。经过讨论，立法机关通过这项草案并使之成为法律，其中包含了我们建议的两项规定。今天，《1971 年文化遗产保护法》帮助保护了包括明尼阿波利斯在内的明尼苏达州 56 个城市的历史建筑。

草案通过后不久，明尼阿波利斯成立了历史保护委员会（The Heritage Preservation Commission）。巴特勒广场大楼（Butler Square Building），一栋坐落于北河湾的漂亮的旧仓库，成为在新的州法和都市条例下受到保护及复原的第一座历史建筑。停车优惠的规定，对于这座历史建筑的保护，具有关键性作用，证明了该规定的重要性。不久之后，圣安东尼缅因街项目（在密西西比河东侧的原床垫工厂和其他建筑的复原工作）相继开始。包括圣保罗在内的其他都市也起而仿效，通过保护条例，开始了全州的保护运动。

今天明尼阿波利斯有 12 个历史街区和地标。将密尔沃基铁路车站再开发为宾馆、聚会地点、滑冰场，帮助了市中心的重建。位于密西西比河旁一栋经过火灾之后空无一物的磨坊，被重建为市立磨坊博物馆，是一项非常杰出的成就；将靠近明尼阿波利斯东北角的"谷物带啤酒厂"重建为一个广阔美丽的建筑事务所和艺术工作室，则是另一个很好例子。最值得一提的是翻修楼房更吸引居民，许多人喜爱重建后的大楼。市中心仓库改造一个接着一个，有助于将居民和企业带回市中心。

气候变化、能源危机，以及它们潜在的影响，推动了改变，但如果翻修的大楼不提供漂亮而且时髦的市中心地点，这个走向都市化的趋势，将变得毫无意义。这些空间把许多有创意的人，包括艺术家、网络服务及内

《1971 年文化遗产保护法》通过后随之而来的项目：密尔沃基铁路车站／会议中心和滑冰场（左）、谷物带啤酒厂／建筑事务所（中）、位于河滨的经历火灾后的磨坊／市立磨坊博物馆（右）。

明尼阿波利斯市中心另一座更新的阁楼。

容提供商，吸引到市中心，使得明尼阿波利斯成为一个有创意的新社区。

## 全市都市设计研究

一个密切相关的初步行动，是 1965 年和美国建筑师学会（AIA）当地分会所进行的全市都市设计研究。它有四项任务：1. 检讨都市的造型与都市的印象；2. 评估公众对明尼阿波利斯的看法；3. 共享公众的展望；4. 找出途径使明尼阿波利斯成为更适合居住和具有特色的都市。此外，我们还做了一系列的案例研究，它涵盖了高速公路、社区中心、工业区、住宅区等。

1965 年，这些研究带来的一项大型展览及相关活动在沃克艺术中心（Walker Art Center）举办，吸引了许多男女老少前往参加各种讲座和课程。翌年，这个展览在奥马哈的乔斯林艺术博物馆（Joslyn Art Museum）展出。

与 1969 年的"都会中心 '85 规划案"同等重要的这些研究，使得 1971 年州议会通过《明尼阿波利斯设计审查法》（Minneapolis Design Review Act）。它的作用是保护具有特殊风格的街区，并补充一般分区条例（zoning ordinances），同时扩展都市环境委员会的工作。

## 都市环境委员会

1968 年，明尼阿波利斯市市长阿瑟·那夫塔林（Arthur Naftalin）响应了都市设计研究与沃克展览会，进而设立都市环境委员会（Committee on Urban Environment, CUE），并赋予六项职责：

1. 鼓励市民参加反乱丢垃圾、清理、修缮、粉刷活动，以及年度社区设计奖、年度植树项目，和其他有关美化和使城市设计更佳的项目。
2. 鼓励在公共和私人场所投资和摆放精美的艺术品。
3. 鼓励在所有公共和私人建设中采用最高设计标准。
4. 鼓励和引导市民对保护市内的历史性地标和特有的名胜古迹给予支持。
5. 赞助会议、机构、论坛和其他教育项目，促使民众对委员会所关注的地区有更清晰的了解和进行改善。
6. 让诸多研究和调查能为委员会的项目和政策提供研究基础和资料。

市长阿瑟·那夫塔林设立都市环境委员会，成员包括市民领袖和设计专家。

数十年来，CUE 征招许多知名的市政领袖、艺术家、建筑师、

通过时事通讯、一次有关街区清洁和美化的会议，以及其他项目，CUE 提高了市民对城市设计的参与度。

规划师、教师，他们拥有不同的背景和经验，譬如，拉尔夫·帕普松（Ralph Papson）是明尼苏达大学建筑学院的院长；沃特·鲁滨逊（Walter Robinson）是明尼阿波利斯艺术馆总裁；诺尔玛·奥尔森（Norma Olson）则是规划委员会副委员长。

CUE 持续了 30 多年，帮助市府改善市政和设计问题。它的成就包括通过了《1971 年文化遗产保护法》，还有在 1975 年设立明尼阿波利斯艺术委员会（Minneapolis Art Commission）。在建造一个更宜居的都市中，它鼓励市民参与，并通过以下项目率先行动：

· "CUE 设计奖"（1971 年）旨在表彰强化及美化都市环境的都市设计。通过表彰从设计更佳的儿童游乐场到新的轻轨捷运项目等诸多规划案，CUE 鼓励基层和市政行动，以促进建设宜居都市。

· "明尼阿波利斯鲜花节"，鼓励水域友好型花园，使得这个都市美丽、宜居、安全。

明尼阿波利斯鲜花节提倡水域友好型花园，让城市适合居住又安全。

· 1970 年代末期，由于美国榆树的死亡，CUE 与市府林业部门合作创设年度植树节庆典，参与者与植树量都不断增加。

· 它首倡设计审查，促进建立"高速公路美学与景观审查项目组"（1980 年代）、"商业招牌审查"（1980 年代到 1990 年代早期）、妥填空地（infill）房屋讲习班、都市走廊、西尔斯大楼（Sears Building）的妥善使用、洪堡工业区的开发等结果。

· CUE 的协助行动包含明尼阿波利斯都市森林开垦计划（与明尼阿波利斯公园及娱乐委员会合作）、明尼阿波利斯清扫计划（现由明尼阿波利斯公共工程局监督）。

· 它主导的交流活动，包括时事通讯，与名为"On CUE"的有线电视节目，鼓励对当前设计问题的对话。

这些活动需要专业知识，其范围从设计到沟通；志愿者所贡献的时间，估计每年超过 1 万小时之多。

## 都市设计的进展

概括起来，"都会中心'85 规划案"和"全市都市设计"项目催生了尼

时事通讯和有线电视节目"On CUE"，提倡有关目前设计问题的对话。

一项设计研究催生出明尼阿波利斯市第一条高速公路的景观规划。

备受推荐的挡土墙表面竖条纹设计，先出现在35号州际公路，随后被运用到全州的公路上。

雕塑家野口勇（左）应邀访问明尼阿波利斯，探讨将第一条35号州际公路变成数英里长的雕塑花园长廊。

野口勇的雕塑公园设计方案之一。

可雷特步行大道、人行天桥系统、城市周边停车系统、会议中心扩建，以及整个市中心的复苏。它导致历史建筑保护与税收增额财务法的立法，并有助于整个州的历史建筑保护与重建工作。它也协助设立了明尼阿波利斯的 CUE 和艺术委员会。

某些愿景直到数年以后才实现。譬如，"都会中心'85 规划案"提议在河滨设立一个新的艺术中心，内有音乐厅、剧院，以及面朝河滨广场的博物馆。不过，音乐厅建造于靠近尼可雷特步行大道南端的一个广场附近。20 多年后，一栋新的加斯瑞剧院建于河滨，旁边有市立磨坊博物馆和几个公园，而麦克菲尔音乐学院及书籍艺术中心就在附近的几个街区。

某些设想只实现了一部分。例如，对于第一条通过明尼阿波利斯的高速公路——35 号州际公路——的设计研究，促使明尼苏达公路部门完成高速公路景观规划，但只限于从城南到市中心。然而备受推荐的挡土墙表面竖条纹设计，不但出现在 35 号州际公路，也出现在全州的许多公路上。

为了建造大型环境艺术，我们邀请现代雕塑家野口勇（Isamu Noguchi）到明尼阿波利斯来探究如何将高速公路走廊地带转变为一处独特美丽的雕塑公园。针对土地使用和建筑物形式，我们进行了一次对走廊地带的视觉勘查，为他的创意设计提供一些背景参考。他在百忙中两次勘查现场，深表对这个方案的兴趣。可是不论我们如何努力，就是无法获得明尼苏达州公路部门的支持。因此，明尼阿波利斯失去了和 20 世纪的前沿雕塑大师共同创造一条特殊生态走廊的机会。

对于工业区的研究，使得欧森公路（Olson Highway）边一处临近市中心的大型工业园区得以成型。有关保德洪（Powderhorn）社区和百老汇商业地区的研究，当时并未获得太多注意。不过在那之后，市府察觉到它们的重要性，并采取行动，更新靠近老西尔斯塔的雷克街（Lake Street），并为了北明尼阿波利斯而改善百老汇地区。

对市中心的研究，我们很幸运有市政协调人的领导和市中心议会的支持。至于全市都市设计研究，我们有美国建筑师学会当地分会、明尼阿波利斯艺术设计学院和沃克艺术中心的支持。才华横溢的市府员工，包括查尔斯·伍德（Charles Wood）、约翰·博格（John Burg）、罗恩·图利斯（Ron Tulis）、琳达·贝里林（Linda Berglin）、凯瑟琳·劳克林（Kathleen Laughlin）等人，对这些研究做出了贡献。

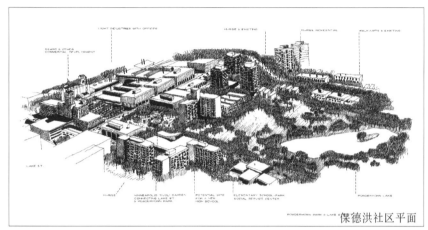

菲利普斯社区

百老汇中心

保德洪社区平面

"全市都市设计研究"使建筑师与规划师参与进视觉形式与形象分析，以及社区（左和右上）、商业中心（右下）、工业区和高速公路造景的案例研究。

为了都市设计研究，沃克艺术中心主办了一次大型展览、系列讲座，以及大人和小孩的活动。

工业区的都市设计案例研究（左）协助塑造欧森公路边临近市中心的新工业园区（右）。

"都会中心'85规划案"提议建设河滨艺术中心（左）。20余年之后，新的加斯瑞剧场（中）和麦克菲尔音乐中心（右）都建在河滨。

与明尼苏达大学及其周边社区密切合作促使明尼苏达大学首次划清校园范围，并设立实验学校和增建学生住房。

## 大学社区的规划

与这个都市中最为活跃的社区之一——明尼苏达大学社区合作，特别具有挑战性与价值。从 1961 到 1964 年，耗时 3 年和数百次会议对这个社区进行调研，与 30 个街区及商业组织一起前瞻界定它的未来愿景和发展目标，准备多个方案以备审查，采纳和适应他们的偏好，并带着规划案到市政厅，接受规划委员会审查和采用。

从那以后，取得很大的进展。这个过程促使大学初次划定校园的界线，避免"市区和大学"之间的冲突，也吸引更多人来到这个区域居住。这一规划为附近的地区增建公园、图书馆、环保自行车道。它也协助明尼阿波利斯教育委员会和明尼苏达大学共同努力建立一所实验高中（Marshall-U）。这个规划案引入卡车绕行道，以避免穿越住宅区，减少交通阻塞，同时增加交通减速设施，以降低车行速度。

社区的提议也帮助美化了街景。在社区要求下，市府公共工程部门把遗留在工程现场的大石块移至街角的三角空地，社区居民在那里种花，将它们变成一处迷你花园，居民们至今仍然喜爱且关心这些植栽。

大学及其四周社区、教会内能干又肯奉献的领导人所组成的"东南明尼阿波利斯规划协调委员会"（SEMPACC），在这个复杂兼具挑战性的工作中，扮演了关键性的角色。在这些人中，我从社区领袖诺尔玛·奥尔森、美国福音派路德宗教会牧师（后来成为主教）戴维·普罗伊斯（David Preus），以及市议员罗伯特·麦格雷戈（Robert McGregor）的身上学习到

这个规划在邻近地区增建公园、图书馆、环保自行车道，同时引进卡车绕行道和交通减速设施以减缓交通，使得在大学四周的社区更适合居住且具有吸引力。

许多东西。市府园艺师查尔斯·伍德（Charles Wood）为绿色走道和滨水公园提出了巧妙的设计。这些经历使我再次确信倾听意见的重要性，唯有如此，我们才能给予居民更多参与权，从而帮助他们完成梦想。

## 群星大都会计划

双子城（明尼阿波利斯和圣保罗）的政府部门是美国国内最先进的大都会行政机构之一，在大都会政府（Metro Council）行政区，它拥有自己的税收、土地使用、运输规划权。大都会政府在 1960 年代首开区域规划工作，同时我应邀代表明尼阿波利斯市加入技术规划团队，草拟首次大都会规划案。戴维·勒克斯（David Loeks）和罗伯特·爱因斯怀勒（Robert Einsweiler）领导这个团队，在制作规划案之前，先行研究人口、经济趋势、土地使用、交通预测和生态。我们参看了世界大都会区域规划的成果，从伦敦到斯德哥尔摩，从华盛顿到纽约，到荷兰群聚都市，到北卡罗来纳的"三角科学研究园"。我分享了我的老师斯图尔特·蔡平的土地使用决策模型（land-use-determinant model），以及我自己的国际经验。

我们草拟了多个发展计划，并邀请横跨社区各层面的 400 位市民参与选择最后的计划。选择的结果是"群星大都会"（Constellation Cities）计划。它建议了运输走廊的设置及就业中心的地点，以产生导引发展效应；

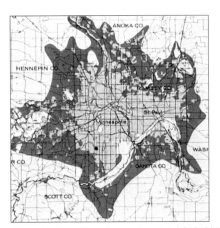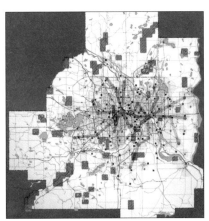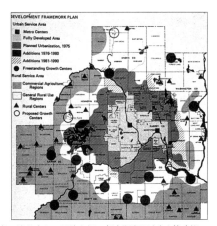

双子城大都会区域预计增幅（左）。"群星大都会计划"（中），也是大都会区域的第一个计划，提出交通走廊、就业中心、开放空间、都市服务区（右）等建议，引导大都会发展。

建议在污水服务区域建设绿带，以产生控制发展效果。

1969年8月，大都会政府采纳这个计划，以鼓励围绕各中心的发展，并保护环境的自然特色。这项计划为其后数年所建立起来的"都市服务区"（urban service area）规则和大都会发展指南，铺平道路。

## 前奏二：达拉斯

在明尼阿波利斯的工作经验，使得达拉斯市规划部门在1971年聘请我为规划局副局长兼都市设计主任。这个职位提供了各种规划设计的经历，包括参与得克萨斯州教科书储藏所的更新、仓库地区的重建，以及在达拉斯市中心的另一端创建一个艺术区及其他建设。

1970年代早期，一位孟菲斯的开发商带了一项计划来到达拉斯，意图以最没有品位的方式开发得克萨斯州教科书储藏所——肯尼迪总统就是在这个地方遇刺身亡。他打算将这座建筑改为蜡像博物馆，馆内计划展出有关刺杀的影片和其他杂物。然而这一计划显然只是利用国家悲剧来获利。

达拉斯市议会向规划局征询意见，规划局建议将历史文物保护措施作为开发审查的方法，并防止这座历史建筑污损和受到不当使用。首先，我们去得克萨斯州历史文物委员会申请将这个储藏所认定为历史建筑，以避免国家悲剧遭到商业性开发的荼毒。

有个自称"达拉斯向前"（Dallas Onwards）的团体，无论如何就是想拆毁这个储藏所，把它从记忆中抹灭。这个团体尾随我们到委员会，对历史建筑认定做出不利的证言，令委员会犹豫不决。当达拉斯市议会问及下一步骤，我和市府律师商量后，建议在达拉斯自治条款下市府自行决定；换句话说，通过这一条款将这个储藏所的附近列为市历史街区。委员会赞成这个想法。

我们立刻开始和达拉斯历史保护委员会着手此事。坚定且具有奉献精神的市政领导人——美国海军陆战队退休将领布黎特·戈德博尔德（Bryghte Godbold）、达拉斯规划委员会副主席及后来的代理市长阿德伦·哈里森（Adlene Harrison）——带头努力，并获得历史保护主义人士的支持，包括路易斯·康（Louis Kahn）、弗吉尼亚·麦卡莱斯特（Virginia McAlester）、林戴琳·亚当斯（Lindalyn Adams）、贝内特·米勒（Bennett Miller）的援助。

更新后的得克萨斯州教科书储藏所。

设在得克萨斯州教科书储藏所六层的博物馆。

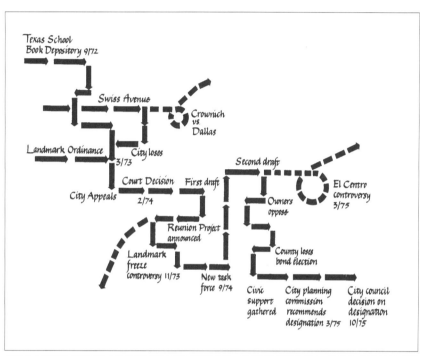

Texas School Book Depository 9/72

Swiss Avenue

Crownich vs. Dallas

Landmark Ordinance

City loses 3/73

Second draft

Court Decision 2/74

First draft

El Centro controversy 3/75

City Appeals

Owners oppose

Reunion Project announced

County loses bond election

Landmark freeze controversy 11/73

New task force 9/74

Civic support gathered

City planning commission recommends designation 3/75

City council decision on designation 10/75

历经5个草案和3次延迟（包括克劳尼区对达拉斯的诉讼，法院判决市府胜诉），最终在1975年10月达拉斯市议会通过西境历史街区认定。

在市中心西境和其邻接地区，更新和新建还在持续进行。轻轨捷运也通至这个地区。

新住房、办公楼、零售商店和一个露天体育场建在这个区域的北侧。

## 历史街区认定过程

在我们准备好将地区条例提案中的推荐项目交给历史保护委员会前，我们进行了历时两年半的社区工作及起草了 5 个草稿。我们推迟了 3 次行动，因为我们知道会遇上反对力量，而且其背后有强大的律师团和一群公关专家在撑腰。直至适当时机出现时，才与市议会进行交涉。

由于我们与社区携手合作，所以有 24 个组织，包括保护主义者、开发商、热心的市民团体，都站出来支持我们。多亏一位热心奉献的领导人，我们才请到一位知名房地产开发专家特拉梅尔·克罗（Trammell Crow）亲自到场支持我们的发言。

1975 年 10 月 6 日，经过 5 个小时的听证会之后，议会将达拉斯市中心 55 英亩的土地认定为"西境历史街区"。议会采纳了我们提出的全部六项保护标准——关于建筑群、颜色、材料等等。最了不起的是，议会采纳了我们提出的降低容积率和减少开发密度的建议，将这一区域的容积率降低 60%。若没有这项关键要素，在 1970 年代和 1980 年代达拉斯市中心建设热潮时，不知会有多少历史建筑，会因被改建成停车场或摩天大楼而夷为平地。

## 保护与重建

从那时起，按照市府的承诺，建起了一条商业步行街。达拉斯县收购得克萨斯州教科书储藏所（现在的达拉斯县行政大楼），并在六层设立历史博物馆（肯尼迪总统在此遇刺）。今天，这个区域里的每栋建筑都被重建，并有了新的用途。一座水族馆、多家餐厅、办公室开设在这一区域内；一家新旅馆也在此开张，而且增加了停车场。从此，达拉斯历史上的一个重要部分得以保留。

之后，这个区域的北边出现了新的住房和一座棒球场，而且达拉斯的轻轨捷运铁路线延伸到这个区域。在创建西境历史街区及复原得克萨斯州教科书储藏所之前，在附近的达拉斯中央车站已获修复，一座饭店和球场就建在旁边。现在通勤火车以便利的日常营运方式，连接达拉斯和邻城沃思堡。

## 并行的率先行动——建造新艺术区

1970 年代末期，达拉斯市中心东北部建造起一个新的艺术区。这是

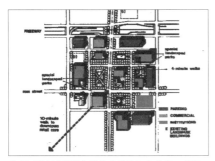

艺术区规划建议将各种艺术设施和咖啡馆、书店、办公室、住房都设于区中。

达拉斯艺术博物馆与音乐厅建于布克·T.华盛顿表演及视觉艺术高中和达拉斯剧场中心的旁边。歌剧中心和新剧场于2009年建成。

1970年代始于东达拉斯瑞士大道的历史街区保护运动，延伸至其他内城的社区。

在小墨西哥区，居民多次聚会研讨公园的改造（左）。建有广场和凉亭的新公园，实现了居民的愿望（中），社区居民庆祝公园竣工（右）。

市府与9个艺术组织协调合作的结果，并要求我带头规划。我和达拉斯公园委员会及艺术团体密切合作进行了三件事：1.制作有关艺术组织和活动对经济影响的评估，以及一项针对他们需求的规划研究；2.审查艺术设施需要的用地及可能的地点；3.选择达拉斯市中心作为本市的新艺术区。

市府承诺愿意为艺术设施提供高达70%的土地收购基金，和60%的建造成本。多亏批准了发行大型市府债券，再加上私人捐献，在1980年代，经两度试发之后，一栋艺术博物馆及一座音乐厅终于建成，紧邻原有的艺术高中和实验剧院。1990年代增建一座雕塑博物馆；2009年秋天，一家歌剧院和剧场开幕。由于新住房的开发，达拉斯市中心也持续重建。

在那些充满挑战与颇有成效的岁月里，我很幸运能被聘用，并和热心奉献的有为干部，以及从建筑到景观、从生态到行为科学、从艺术到图形设计等训练有素的专家共事。不论在这七年半的时间里完成了什么，荣誉归于罗宾·麦卡弗里（Robin McCaffrey）、琼妮特·尼达姆（Janet Needham）、马文·克劳特（Marvin Krout）、彼得·艾伦（Peter Allen）、雷·史丹兰德（Ray Stanland）、汤姆·尼德奥尔（Tom Niederauer）、吉兴·贝（Chih Hsing Pei）、克雷格·梅尔德（Craig Melde）、盖理·斯柯特尼基（Gary Skotnicki）、希瑟·戴维斯（Heather Davis）。我们也感谢以下这些人，有关艺术区和招牌条例方面的建议，有凯文·林奇和史蒂夫·凯尔（Steve Carr）；在生态调查上，是菲利普·路易斯（Philip Lewis）；历史建筑调查则是D.B.亚历山大（D. B. Alexander）。

### 回归圣保罗

在达拉斯工作多年后，明尼苏达再次邀我回归。1979年，我开始在圣保罗市下城重建公司上班，担任设计主任。1981年我成为这家公司的主任，不久之后成为总裁。这个机会让我成为自己的老板，并且在该领域发挥专长。

从圣保罗的最早期开始，当汽船还停靠在所谓的"下河滨"码头时，下城就已经把根扎得很深了。除了汽船大堤以外，这个区域有蓬勃发展的商业区、教堂和住宅。当铁路取代河运，圣保罗市中心西移到较高的土地。下城，是一个拥有18个街区的历史建筑和废弃铁路货场所在地，以杰克森街、94号州际公路、密西西比河滨、拉法叶桥为界，占了约圣保罗市中心的三分之一，却沦落为散工和批发商聚集的区域。仓库被用来存放货物，同时这个区域善用自身的有利位置，向东是相邻的铁路货场，向西则是一个新商业区。

　　1950 年代，94 号州际公路的开发，使得原本在下城住宅区内已经所剩无几的维多利亚式房屋，走上被拆除的命运。许多铁路货场土地，亦即本区经济基础的最后部分，也消失了。在那之后数十年，下城备受忽视。这个地方的历史建筑和独特氛围，固然能幸免于都市"更新"的破坏力量，但投资却也逐渐消失。一些历史建筑被破坏，其他的则处于危险中。市长乔治·拉蒂默就经常开玩笑说，下城之所以能够免于像明尼阿波利斯盖特威区的大规模拆除行动，只因为圣保罗行动得太慢。

　　1960 年代末，实业家诺尔曼·米尔斯（Norman Mears）带头对下城进行更新，引起大家的兴趣。他的努力使得"公园广场中庭大楼"(Park Square Court Building) 的重建取得了些许进步。市府对附近的街区公园进行重建后，也冠上他的大名，以表达对他协助市区重建的感谢。不幸米尔斯于 1974 年过世，因而停止了这个公园以西地区（第 40 街区）的再开发。因下城的投资缩减持续了十余年，公园广场中庭大楼很快出现许多空房，米尔斯公园成为无家可归者的避难所。

　　1976 年乔治·拉蒂默当选圣保罗市市长。在他的领导下，市府于次年审视衰颓的市中心，决定大力振兴下城——一个遭忽视的仓库与停

1979年的圣保罗市区：下城闲置的仓库与废弃的铁道。

在米尔斯公园前面的两栋遗留下来的大楼

车场集中地，以作为位于市中心西侧、经私人重建的"地标中心大楼"（Landmark Center）这一成功案例的后续项目。市长拉蒂默和麦肯奈特基金会进行初步讨论，该基金会对解决社会问题有兴趣，譬如希望通过创造就业机会和建造平价住房，以助都市开发，也为解决都市问题建立新模式。

最后市府向麦肯奈特基金会提出一项大胆的建议：要求投入1000万美元，并承诺产生1亿美元的投资，以及进行住房和商业开发，创造工作机会。对于一个遭受数十年投资缩减之苦的地区来说，这是个雄心勃勃的目标。从1969年到1978年，只有2200万美元投资在这180英亩的地区上——其中1600万美元投资在一个工业厂房上，只有600万美元投资在其他地区。

麦肯奈特基金会慷慨地拨出所要求的1000万美元，同时明智地要求成立一个非营利的独立组织以监督这项计划，因此下城重建公司（LRC）在1978年诞生。其开明又热心奉献的8人董事会，由企业领袖、牧师，以及其他足以代表社区各层面的人士组成。

一开始，LRC希望改变下城的形态，以吸引人们再回到城里。即使废弃与衰落，这个区域仍有它不容忽视的优势，包括它位于市中心的地理优势、临密西西比河河滨，以及许多优秀的历史建筑。

为了履行它的任务——"创造一个珍惜创意、支持创业，满足社区需

受数十年投资缩减而衰落之苦，下城在1970年代后期被废弃的车站和铁路货场、闲置的仓库、停车场所占据。它的复兴是下城重建公司的基本任务。

求，并鼓励公益精神的环境"——LRC将工作重点放在三方面：

1. 为旧地区创造新愿景——以旧入新，创新中结合对传统的尊重。LRC扮演这一区的设计中心，以确保重建切实强化下城的历史特色（见第二章）。

2. 将大众印象中的投资缩减地区的认知改变为新的增长中心的认知——吸引投资者到衰退的地区。从一开始，LRC积极营销这一地区，首先针对潜在的开发商和投资人，然后是租房人、购房人和游客（见第三章）。

3. 筹集不同来源的经费——填补资金缺口以推动计划的进行，发掘投资潜力，争取最大财务杠杆作用（leverage）。LRC以低息贷款和贷款担保的形式填补资金缺口（见第四章）。

LRC与圣保罗市和私人组织的特殊合作伙伴关系，为这一地区带来成功的开发策略。经过多年的努力，LRC产生出7.5亿美元的投资，是原始目标的7.5倍。LRC投资的每一分钱，吸引了5～35美元的公共和私人投资。税基增加六倍，从1979年的85万美元到2005年的500万美元。重建带来2600个住房单位，以及新增和保留的工作岗位合计12000个。

更令人满意的是，LRC实现其社会目标——增加大量的平价住房单位（占全区住房总数的25%），及扩大艺术团体（目前500位艺术家在下城工作和生活，许多艺术组织也进驻此地）。而且它没有通过住宅高档化而驱逐低收入人群及小商店来实现重建。

以下各章将仔细谈到下城的创意、宜居、可持续发展的重建故事。如同前面指出的，在第二、三、四章分别从设计、营销、财务的观点讨论。第五章则强调整合居住和创意社区愿景与持久促成的价值；第六章介绍了如何支持社区居民参与，将棕地改为"布鲁斯·文托自然保护地"的经验；第七章通过修复联合车站与建设常新、绿色、创意的城市村庄——河滨花园——以振兴河滨的案例，展望未来。

第六章和第七章详细描述两个特别复杂的规划案，其中一部分包含在前面各章讨论过的设计、营销、财务等方面。最后，第八章"都市重建之道"总结了我们在重建市中心街区时所发现的关键性决定因素。

地图、地区图、照片形象地阐明本书内容。我的书法提醒读者有关平衡的观点，以及寻找一个"天人合一"的未来，有多么重要。

# 第二章 都市设计之道

传承与创新的平衡

在经历数十年的投资缩减后，下城大部分被空荡荡的仓库和停车场占据。

太阳光反射在蜿蜒流经米尔斯公园的小河上。许多招牌正卖力推销着那些藏身在精心修复的仓库中的艺术家阁楼和独特的办公室空间。游乐场传来孩子的笑声，朋友们在室外咖啡馆聊得很起劲。在天桥旁的基督教青年会（Skyway YMCA）里面与沿着河滨的地方，不论身材匀称与否，人们都卖力地逼出体内的汗水。人行道上满是匆忙的上班族、心不在焉的闲逛者、拉紧狗链的遛狗人。周末，旧联合车站还举办正式宴会和豪华的婚宴。

坐落于明尼苏达州圣保罗市中心东端的下城，是个充满活力、让人精神振奋、感官愉悦的小区。然而它并非一向如此。绝大多数人会沿着下城绿树成荫的街道行走，但他们却不知道，将这些街区从空荡荡的仓库转变成创意、宜居、可持续发展的城市村庄，是件多么复杂的工作。

在这个蓬勃发展的社区里，每一栋经过再开发的建筑，都有它自身的故事，每一个故事都包含一条线索，并联结到共同的、更大的故事之中——一种合作关系，它牵涉到开发商、建筑师、市府人员、艺术家、企业家、社区活跃人士，以及一个非营利组织，名为下城重建公司（LRC）。超过四分之一世纪，LRC 为改变下城而扮演一个特殊的社区工具——街区设计中心、都市开发银行、营销办公室，三位一体。

在麦肯奈特基金会和圣保罗市的支持下，设立于 1978 年的 LRC，实行了一系列的策略和行动，以推动既尊重地区历史又与现状融合的设计。在公私双方的合作伙伴协助下，把下城变成一个让艺术家、居民、企业家，以及来自远近的游客都称赞的地方。

它也可能做出其他的转变。若非 LRC 凝聚公众意见以对抗克瑞恩大楼拆毁案，它早已遭到拆除，变成另一个停车场了；所幸 LRC 认识到驻地艺术家是新社区的核心成员，否则他们可能也已逼迁他处；颇富魅力的圣保罗"使馆套房"酒店，或许也改为既不合适又耗资巨大的伪西班牙样式；圣保罗联合车站也可能还要再闲置数十年，甚至遭到拆毁；"超级美国"加油站，固然拥有古典的线条和红砖的外观，但或许会沦为另一个世俗连锁店的建筑物。

在这个世界上，举凡有远见的都市，正通过拥抱现代与过去最高的造就，努力将人们拉回到都市中心来。下城的振兴，包括了一系列保护、都市设计和开发的故事，带来了一个适合居住、有创意、可持

更新将这个仓库转型为良好的公寓建筑。

《公私合作重建下城的愿景》报告书提出城市村庄
规划和开发策略。经演变及拓展，今天包括河滨花
园和布鲁斯·文托自然保护地。

续发展的社区——一个也许对其他都市的规划者和开发商有帮助的经
验。这是有效的都市设计之道或方法。

## 城市村庄规划

LRC 对下城区的愿景，影响了它所有的工作，包括设计。从一开始，
规划的焦点就在建筑群上，而不是关注许多孤立的项目。最初发表《下城
重建的初步成果》( An Emerging Future for Lowertown ) 是在 1981 年 8 月，
同时也发布《公私合作重建下城的愿景》( Partnership in Lowertown ) 报告
书。之后数年里，在新机会来临及新市场力量要求改变时，LRC 多次修改
处理方式，然而基本愿景却不曾改变过。

LRC 设想的 "城市村庄"（urban Village），有着充满活力的商业和充足
的工作机会——一个多样、安定、适合居住的社区，并开放给不同收入、
不同年龄、不同种族的民众；一个创意社区，艺术家、诗人、音乐家、舞
蹈家、编舞者可以在此不断创作；一个安全又可获得支持的社区，让老有
所终，幼有所长；一个可持续发展的社区，举凡节约能源、土地复垦、尊
重区域生态等，都将是开发理念上的基本要素。

城市村庄规划至今仍是一个具有弹性的文件，因为它原先就设计成足
以适应不断变动所产生的影响。然而执行一项既要求尊重历史，同时又要
为创新铺路的规划，会遭遇什么挑战？

## 设计开发的复杂之舞

作为一个小规模的非营利组织，加上资源有限，是没有管理权的
LRC，采用一系列的策略去影响每一个独立的项目，并确保每个项目都
符合更大层面上新城市村庄的愿景。为实现这个愿景，都市设计是关
键，因此 LRC 设法通过各种手段影响决策。只要有机会，任何时候它都
会参与建设性的意见交流，不论是和开发商、市府人员，或是和任何造
福人群、具体又富创意计划的设计者。最重要的是，LRC 致力于提升社
区的长期利益。

LRC 拥有的权力有限，偶尔也必须去寻找第三方力量的干预——

在 1970 年代后期圣保罗市区的航拍照片，
右下角显示出下城仓库和停车场。

## 城市村庄规划
作为再开发的指引

新住房和冬季花园

集中供热，遵守能源规定，保护日光源，以及其他能源节约方法

历史建筑的改造性再利用

改善公园、街景，以及延伸人行天桥至此区域

建立网络村，为新旧经济形式改善基础设施

在联合车站的多式联运车站，以运行轻轨捷运、通勤铁路和美国国铁

建造艺术家住房以及提供给艺术家和艺术组织的空间

为住房、广场、冬季花园、码头而改造河滨之地

改造一处废弃的铁路货场，作为布鲁斯·文托自然保护地和连接地区小路

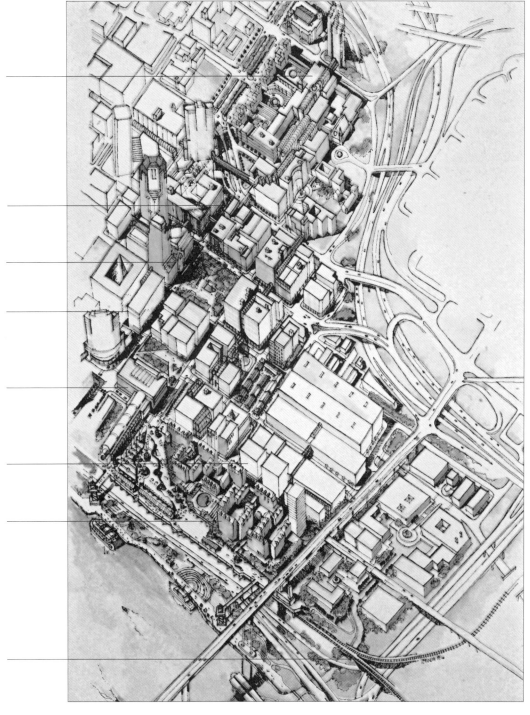

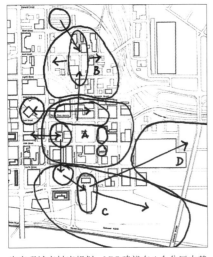

为实现城市村庄规划，LRC 建议在 4 个分区内基于需要和渴望各自选择一系列适当的先头规划以引导开发。

市长、议员，或市民领袖——才能在设计过程中扮演它的角色。有时候市长主动要求 LRC 的参与，有时当 LRC 和市府机构对于设计方式意见不同时，则由市长介入并做出仲裁。在某些案件中，LRC 调解开发商与市府机构之间的纠纷。当个人努力无法获得适当的妥协时，LRC 有时采取积极手段召开公共论坛，譬如圣保罗市议会、规划委员会、历史保护委员会（HPC）的会议。基于社区的长期利益，为了影响公众的意见和凝聚公众的支持，在许多案例中，LRC 会促使媒体多加报道。

在某些情况下，LRC 为新项目设定设计标准。例如，当开发商寻求 LRC 提供贷款或贷款担保时，在合约中可能还包括了设计导则。偶尔开发商因认可 LRC 的都市设计专长和开发经验，还要求在选择建筑师方面给予协助。有时，市府机构要求 LRC 为市府财产设定一套设计导则，并在指导设计过程中带领众人工作。

几个基本理念指引着 LRC 的工作。它多依赖创意性的对话，而不是

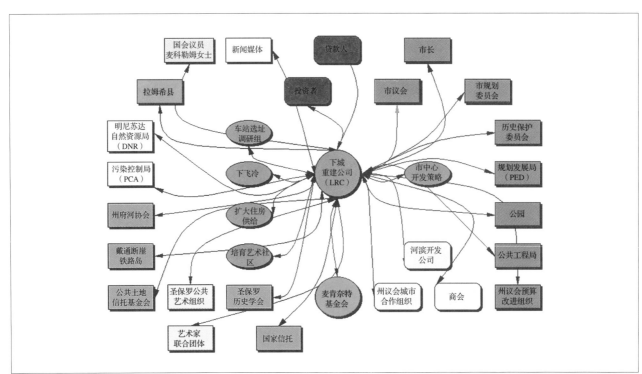

从住房到艺术，从运输到康乐设施，LRC（蓝色）在各种项目上与许多公私部门合作。具体过程详见第 54 到 55 页的图表。

开放与持续的对话对设计的过程至关重要。

管制的权力。它力求通过精选的导则以保护历史风格，但同时也尽量给予建筑师创作的自由。LRC通过制定多个备选方案和鼓励创意性讨论的方式，设法激发出各种想法。它认识到，为了让项目可以继续进行，控制成本有多么重要。而且它坚信耐心与外交的力量。仅当个人努力失败时，才将设计冲突诉诸公众。

如同大家所见，LRC为了下城的街区，采用各种策略，以实现更大的愿景，每一个项目，都是下一步发展的催化剂。

## 历史街区的认定、保护、适应

在行驶汽船的时代，下城沿着下河滨（Lower Landing）而繁荣，并且在铁路时代获得进一步扩张。从1880年到1920年，下城经历了一段建设热潮。圣保罗联合车站（Union Depot）及许多现在让街区生色不少的仓库，对早期的运输时代而言，却是些纪念建筑。由于美国的运输系统从铁

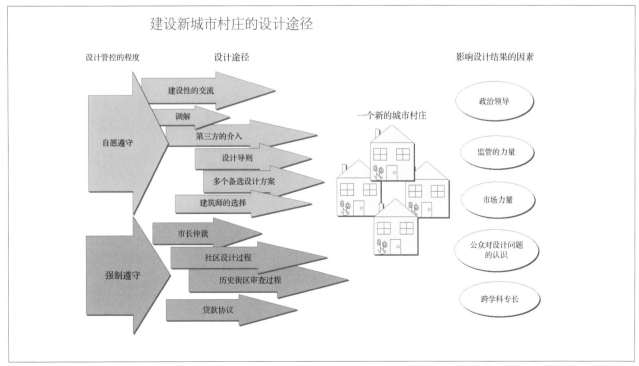

在城市村庄规划中，LRC采用许多设计途径，绝大多数依赖自愿遵守，虽然有时遵守是强制性的。从政治领导到公众对设计问题的认识都能影响设计结果。

历史性的标记帮助居民和游客珍惜下城的历史。

路发展到高速公路，从火车到汽车，致使下城陷入衰退。车站关闭，仓库空空荡荡。下城的历史建筑一个接着一个消失了。圣保罗联合车站在争取历史地标认定的努力失败后，甚至还受到拆除的威胁。LRC 在 1979 年成立后工作的第一步，就是促成针对下城地区的建筑调查，目的是希望它能成为历史街区，进而提名进入《国家历史地区名录》( National Register of Historic Places ) 中。

1980 年，LRC 获得圣保罗市政府和拉姆希县历史学会的协助，聘用一位独立顾问进行调查。在之后的两年间，LRC 沉着地完成了调查，界定了一个特定区域用于提名。LRC 本身还与其他感兴趣的团体，包括明尼苏达历史保护委员会，结为盟友。

1983 年 LRC 在些许阻力之下，将下城的 16 个街区列入《国家历史地区名录》上。后来市府在历史街区之外，又增添三个邻接的街区，以确保未来可以进行兼容性的新发展。LRC 立即开始千方百计地进行宣传，表示在历史建筑改造项目税收抵免 ( tax credits ) 上，这一区拥有产生数百万美元的潜力——这是为了吸引投资，并且化解有些人的误解，因为有些人以为历史街区认定将带来繁文缛节，进而阻碍更新工作。为了方便下城历史街区所有的更新申请，LRC 也和市府、州政府历史保护工作人员协商，请他们对适当性证书 ( Certificate of Appropriateness, COA ) 的审查予以合理化。

经过合理化并简化的新程序，所有的三个决策机关——圣保罗市、明尼苏达州政府、LRC——同时审查申请书。新的 COA 程序以实时有效的方法，帮助下城保留了它的特色。COA 也使得 LRC 能够引入设计、营销、财务等专家，以补足市府和州政府人员所需的专业知识。随着时间的推

将下城认定为历史街区有助于保护它的建筑物、使它们的更新享受税收抵免的利益，有助于吸引投资者将它们活用为住房、办公室、餐厅，以及聚会的场所。

*向往扎根和地方感，我想，是我们大家所盼望的。虽然美国人喜爱迁徙，但我们也喜欢扎根和珍惜本土风格。*

*——乔治·拉蒂默*
*圣保罗市长，1976～1990年*

移，因历史建筑改造项目税收抵免的实用性，加上LRC的宣传，吸引了远近的投资者，包括来自费城、亚特兰大、波士顿、芝加哥、蒙特利尔，以及双子城的开发商。

LRC工作方式的早期实验之一包括下城公寓大楼（Lowertown Commons）。这栋建筑有严重的地基问题，已有一条长长的裂缝延伸了7层楼，从顶部直达街上，许多人怀疑它是否有救。但一位由LRC招募、来自费城的开发商看出这栋大楼的价值，决定修复它。这家公司拆除整面龟裂的墙壁，移走腐朽的地基，花费了不少费用，恢复大楼结构的强度和建筑的完整性。现在下城公寓大楼是个入住率高且稳定的优质住房项目。

随着下城被认定为国家和圣保罗市历史地区，LRC和它的合作伙伴保住了全部47栋建筑中的42栋。其余的5栋，一栋毁于火灾，另一栋则为了保存隔壁的大北方大楼而拆除作为停车场。

其余3栋之所以被拆毁，是因为市府打算在市历史街区的第40街区上进行一项大规模、多用途的"加尔捷计划"（但LRC又说服开发商一砖一砖地重建其中两栋建筑的立面）。拯救回来的42栋建筑中的40栋，现在都已经复原。其余两栋虽然还未复原，但正在有效使用中。

**策略总结**：借着倡议历史调查和将下城历史街区列入《国家历史地区名录》内，LRC保护了区内的历史建筑。通过协调，以及与圣保罗市政府、明尼苏达州政府对申请的联合审查，节省了宝贵的时间，并使得在提供设计、营销、财务的支持上，得以合理化。这些建筑增强了这个区域的独特魅力和宜居性，为富有创意的小区提供住房，并充分利用已有资源——终极的可持续发展。

建设中的下城公寓大楼（左），它的东侧墙壁被整体重建（中），以及下城公寓大楼今日的内部情况（右）——优质租赁住房。

LRC 说服数据控制公司不要在这个优美的旧建筑上使用大面积的金色反光玻璃及造作的拱门。

*进步的艺术，是在变化中保持秩序，在秩序中保持变革。*

*——阿尔弗雷德·诺斯·怀海德*

*（Alfred North Whitehead）*

# 保护建筑立面：数据控制公司商务中心

　　LRC 参与数据控制公司（Control Data Corporation）再开发一栋 1905 年的仓库，是一个极好的案例，它可用来说明 LRC 如何利用建设性交流对设计产生影响，同时保护历史建筑的结构。数据控制公司最初提议，在仓库所有旧窗台上嵌入大片金色的反光玻璃，以及在一楼装上人工拱门。这两个改变都将损害这个优良的旧建筑物，且会在靠近米尔斯公园的下城中心，创造出一个半现代、半历史的奇怪立面。

　　LRC 向数据控制公司建议，这样的改变虽然用心良苦，但一些历史保护团体势必提出反对意见；同时也指出，该公司一旦放弃这个计划，改用较简单的设计，将可节省 50 万美元以上的费用。最初公司高层人士拒绝 LRC 的提议。除了其他原因，他们还相信玻璃面板会产生太阳能。LRC 便特意在一个冬天寒冷的早晨请他们实地参观，指出在一天的大多数时间里，他们的窗子都被邻近一座大楼的影子所遮蔽。基于几个理由——或许他们有人想避免公开争论——数据控制公司领导最后放弃玻璃板，回归最初的设计。修正过的设计为数据控制公司节省了费用，并帮助我们保存了一个地标。

　　**策略总结**：LRC 运用私下对话和建设性交流，以影响设计和保存一栋历史建筑。

　　**后续发展**：数据控制公司改变策略，把大楼卖给一个开发商，而他们继续将大楼作为商务中心运营好几年。随着下城住房需求不断扩大，这个开发商最终将这栋大楼改为具有吸引力的共管式公寓——另一种可持续利用方式。

从破坏性的更新中拯救出来的这栋旧仓库，以企业孵化器的姿态兴旺了许多年。因市场需求转变促使它转型为共管式公寓。

在加尔捷（现在的克雷）广场大楼开发之前的第 40 街区。

## 与堡垒心态的战斗：加尔捷广场

加尔捷广场（Galtier Plaza）是个大规模再开发案例，首倡于早期的 LRC 历史之中。在经受数年的财务困难后，目前状况不错。这栋建筑在设计过程中的故事提供了许多的经验。

最初思考加尔捷广场计划时，为了使广场和米尔斯公园的日光射入最大化，LRC 属意在街对面建一栋中型建筑。借着这个方案，日照可以为这项开发提供能源，而且没有摩天大楼会遮蔽公园的阳光。再者，把像这样的开发分散在广大的地区，也不至于如俗语"将下城的所有鸡蛋都放在同一个篮子内"（put all of Lowertown's eggs into one basket）。LRC 建议复原每一栋既有的建筑，而且新的建设应该在这个地区保持一定比例。这将符合市场需求，同时风险较低。

另一方面，开发商倾向于建一个规模大许多的项目，而且市府官员相信，"机会既然来了，就应该好好把握住"（when opportunity struck, they should seize it）。在市长办公室的协调下，较高密度的开发方案取得胜利。

LRC 开始和开发商、市府一起设法尽量缩小大型项目可能带来的负面影响。当开发商从 LRC 获得一笔贷款，LRC 在贷款同意书里还会加上一套设计导则，目的是把对这个区域的历史建筑造成伤害的可能性降至最低，并保证在新旧之间取得平衡。此事鼓励开发商在私人领域内创造公共空间，同时必须确保所有建筑体量及材料与历史街区的特色彼此兼容。

审查这个较高密度的项目，是对 LRC 致力于设计的考验。在开发商最先提出的设计方案中，设想建一座 40 层的摩天大楼——模仿纽约的 AT&T（今索尼）大楼——两侧有下降的平顶公寓建筑和一个基座 7 层的商

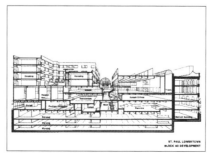
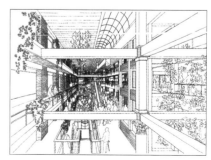

LRC 偏爱以中型规模的开发与加密填空方式，来更新既有建筑（左）。愿景包括住房、零售／办公空间，以及在地下停车场上面的基督教青年会设施（中），加上更新后街区的室内中庭（右）。

开发商的设计方案偏爱巨大的建筑物。

开发商的第二个设计方案仍要求大规模的开发。通过进一步对话，达成一致的设计修改方案。

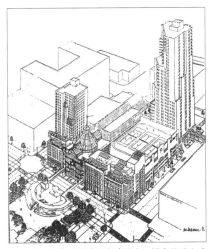

这个 LRC 的备选设计方案建议在 7 层高基础上建两座高塔，其沿着瑟柏里街的立面，应沿袭之前立面的韵律。

店和办公室。这个巨大的结构将压制那些邻接的历史建筑。 LRC 遂建议开发商将这一整体结构分成两座高塔楼。

第二个设计方案包括两个高塔楼，挤在一条街上。这一巨块建筑似一对超大尺寸的老爷钟，它的模样仍然压制整个街区。LRC 建议开发商将两个高塔楼摆在街区的对角线，以减少笨重感，并增加四面景观，还制作了 10 个替代设计方案以阐明建议。LRC 提出以下设计导则：

· 万一既有建筑无法保存，设法保留沿瑟柏里街的立面。
· 为了配合所剩立面的律动感，减少沿瑟柏里街的新立面的玻璃部分。
· 将新建筑基座的高度设定为和周围建筑的基座同高。
· 面向公园将高楼稍向后移，以强调它的基座。
· 选择一个立面颜色，使建筑的体量感减至最小。
· 在立面上提供足够的窗户和门的开洞，以避免类似堡垒的外观。
· 保存具有历史意义的麦考大楼（亦即国家招商银行），并以兼容的方式让新建筑和它产生关联。
· 把这些建筑建在能够最大化利用被动式太阳能和避免遮蔽公园日照的位置上。

起初与开发商和其建筑师的讨论进行得并不顺利。尽管在贷款同意书的条文中有所限制，他们依旧一度威胁要控告 LRC。最后他们知道合约的要求，同意把 LRC 大部分的建议纳入他们最终的设计中，但不是照单全收。

最后，加尔捷的立面沿袭旧有建筑的律动感，不过，阳台设计和配色等方面却自行其是。 LRC 反对开发商计划将花台伸出超过建筑物正面，并减少人行道的宽度，但圣保罗市府许可这项计划。再者，LRC 建议在建筑的玻璃中庭上加个圆形的屋顶，从而更能与附近建筑的拱形窗户保持一致。但开发商拒绝该建议。

**策略总结**：影响加尔捷的开发过程，意味着参与进经市长办公室仲裁的大规模开发案。通过事先将设计导则加入贷款同意书中，LRC 获得强有力的工具，可以主张较融合的都市设计。这也产生出多个备选设计方案，激发开发商的创意而改善最终结果。进一步实现的是，将一座新的基督教

开发商最后的设计采纳了许多 LRC 的建议。

最后的设计合并了 LRC 对整个区块的建议，保住麦考大楼和瑟伯里街的立面，并且利用砌筑材料，以及创造出餐厅的空间与其他和市区人行天桥连接的康乐设施。

该项目开发商未按期完工，因此失去许多租约。最后一位业主在延期维修上花费许多资金，改善了加尔捷的入住率，并于 2006 年将它出售给一个团体，该团体成功出租了这一空间。

青年会设施整合到这个设计中。LRC 通过向基督教青年会展示这个地方的潜力，并保证努力为其募款，而将它吸收进来。结果是这个设施提供了许多运动和聚会的场所，使得下城更宜居，居民更健康。

**后续发展**：加尔捷曾有过空房问题的困扰，而且几经转手和改变用途。大多数的零售空间改为办公室。总之，因为下城生活设施便利，而且轻轨捷运将服务该地区，它最近的一位业主成功地将它租给一家高科技计算机公司和若干教育机构。加尔捷（改名为克雷广场）目前有九成的出租率，比其他市中心建筑高出 13%。

## 地方风格：街道设计

旧街灯恢复了，新候车亭使用了一些旧有的装饰。

在早期工作中，LRC 发现圣保罗市缺乏一套可以和下城地区的历史风格相配合的街道设计标准。1981 年，LRC 聘请一位顾问和市府部门一起为具有历史感的照明系统、候车亭、街道环境美化等制定一套新的设计标准。

照明乃是下城原始街景的关键点，也是在 LRC 计划中找回街区魅力及宜居性所不可或缺的。研究帮助 LRC 认可本区使用于 1920 年代早期的街灯标准，LRC 顾问还发现了一家位于新奥尔良的工厂可制造该街灯。初次将这个具有历史感的街灯安装在 9 个街区时，成功提醒了大众下城的历史风格和魅力，以及它正在恢复的道路上。市府后来扩大这个区域的街景改造项目，在圣保罗市中心以西安装类似的街灯。

LRC 也打造了价廉物美的候车亭计划，并符合大都会运输委员会（MTC，现在的大都会运输，也是大都会议会的一部分）的标准。LRC 所提出的设计是通过增加一个淡色的半圆形塑料顶，修正原有的标准候车亭设计，此举可补充并提升四周的环境。由于从具有历史感的街灯设计中获得灵感，LRC 也建议在候车亭顶部添加铁艺装饰。起初大都会运输委员会回避 LRC 的建议，不过一旦市府同意维护这些增加的部分，大都会运输委员会便不再反对。

LRC 还投入相当庞大的时间和精力在美化街道环境上，其中包括具历史样式的长椅和护树栏杆。在这些建议中，它努力地提供仔细的、经过认真调研的、低成本的替代品。依靠来自联邦的微薄资助，它创造了一种下

新栽种的树、旧街灯、长椅、候车亭重新找回这个区域的历史魅力。

城以往失去的地方感。

　　**策略总结**：这个案例能够获得成功，是依靠设定设计标准和制定解决方法，以确保设计标准的实施和适当的维护。

　　**后续发展**：设计优良的照明与公交车亭为下城增添安全和美丽，同时使它成为适合行走的街区，更增加了它的宜居和可持续发展性。

## 保护标准：人行天桥的设计

　　对一个像圣保罗这样的北方都市来说，一座人行天桥（两层楼高的人行通道）系统让市中心变得适合行走，尤其有助冬天的散步。人行天桥特别吸引年长者，倘若没有天桥，他们可能会搬到其他地方去住。总而言之，在冬天，人行天桥是使得都市更宜居的重要部分之一。

　　圣保罗人行天桥系统形成一个重要的市中心动脉，在冬天，行人大量使用它。由于人行天桥的连接可以带动建筑内部商店的生意，所以鼓励行人多加利用它；然而它们非常显眼，如果设计不当，容易使街景显得混乱。开发商计划建一条新的人行天桥到加尔捷广场，但 LRC 介入了有关地点和设计方面的讨论。

　　为使项目更具商业价值，加尔捷的开发商想重新设置人行天桥，使其横跨第六街，从而使往来于米尔斯公园——另一个多用途项目——的人群能够穿越加尔捷广场。新人行天桥的设置会切断或限制附近建筑的行人往来数量。LRC 反对这个提案，因为它只对一个开发案有利，事实上，如有更好的规划，对一个项目的投资可以惠及整个社区。最后，市府和其他几个开发商支持 LRC 的观点，于是胜出。

　　开发商提出的第一个人行天桥设计案，还引发了另一个问题。为了让新人行天桥吸引人们的注意，开发商提出的设计和市府人行天桥设计标准极不相同。LRC 深恐市府批准像这样的设计方案，因为它将创下令人担忧的先例，而且无法兼容的人行天桥大杂烩，终将破坏街景。因此，LRC 在市府和开发商之间调解潜在的冲突，并提出自己的建议，包含一个替代设计方案。这个设计方案遵照基本的市府标准，但也允许开发商加上天窗和内部装饰。开发商没有按照市府的标准将人行天桥的外部上漆，但对于之后的人行天桥项目而言，他的决定并未创下先例。

开发商的人行天桥设计方案漠视市府设计标准。

LRC 尊重市府标准的替代设计方案，只是对天窗提出一些变化。

市府人行天桥标准得以维护，只准许天窗有些变化，同时在内部加上霓虹灯装饰。

圣保罗市拟在破旧的农民市场用地上建造一座新酒店，引起一场诉讼。LRC帮助市府迁移市场，并指导酒店的设计。

酒店开发商提出仿西班牙式设计，与其他地区的建筑不兼容。

LRC的设计模型显示了为何酒店与未来的住房及一个室内冬季花园相连有助其今后的发展。

完成后的酒店采纳了LRC在总平面设计、体量、材料、纹理上的建议。

固然在这个案例里，LRC最终成功地扮演了调解者的角色，但是它遭遇了开发商的市议会盟友相当大的抵抗。通过获得市长的支持，LRC才能够达成妥协，以避免街景遭受额外的破坏。

**策略总结**：LRC引入替代设计案，从而在人行天桥计划中打造出妥协方案。而来自市长的支持是成功的关键。

**后续发展**：人行天桥系统使得各年龄层，还包括年长者和残障人士，即使隆冬时节在下城仍可通行无阻。有些在市中心居住的民众和上班族甚至组成人行天桥行走俱乐部。可通行无阻，不但更适合人们的生活，还是打造健康社区的关键。维护人行天桥最低的设计标准，为未来的扩充创造了条件。

## 双赢：使馆套房酒店和农民市场

圣保罗使馆套房酒店的开发牵涉了多方面的利益，并要求LRC同时解决数个复杂的问题。这个故事以欢乐收场，没有出现在都市开发项目中常见的赢家和输家。

使馆套房酒店最初表示计划在下城的北端兴建一间宾馆时，LRC不知能否参与进设计过程。圣保罗港务局长便是反对LRC介入的其中之一。仅在市长得到开发商的同意，邀请LRC参与审查过程后，LRC才保住了一席。

LRC必须处理的第一个问题是计划建造酒店的这块地产。这块地长久以来一直作为农民市场用地，而且在这里销售蔬菜的栽种者也不想迁移他处。农民错误地努力想将市场上那个毫无特色的钢棚立为历史地标，LRC劝说圣保罗市历史保护委员会拒绝这个提案。本地食材的自产自销本是LRC建设可持续发展社区的策略之一，无论如何，它和市府一起找到了一个新地点，并为农民争取到新市场的资金。最后，农民市场迁往另一处新设施，而且比较靠近在米尔斯公园附近的住房开发区。

既然酒店的设计与农民市场的重新安置两者关系密切，LRC同时开展双方工作。酒店所提出的外观设计，是LRC最关心的。这家连锁酒店计划采用已用在许多都市的白色灰泥和仿西班牙设计。LRC担心这个设计将破坏下城的特色，努力说服该公司业主，表示这样的计划在这个区域并不

新设计的市场比较靠近下城的居住区。

适当。

　　酒店的用地计划又遇到了其他麻烦，LRC 介绍本地建筑师帮助他们准备替代设计案。LRC 建议该公司将酒店建在街区的西半边，而非建在正中央，如此一来，市府还可以保住东半边供将来开发之用。LRC 也鼓励这家公司充分利用这块地各处的景观，例如明尼苏达州议会大厦和市中心的天际线。LRC 制作了一个模型，用来说明酒店和将来的住宅开发，以及计划在南边兴建的冬季花园（室内商业步行街）会产生怎样的关联；此外还建议翻转建筑平面图，这么一来，酒店的餐厅就能够面向大街。为了营造引人注目的商业效果，LRC 又针对外部的照明方案，提出微妙的改变。

　　酒店业主听从了 LRC 的想法，并采纳了许多建议。他们聘请 LRC 的建筑顾问担任他们的建筑师，最后，一个活泼又有吸引力的设计获得批准，它的特色是红砖立面、飘窗、铁艺栏杆和阳台。因为 LRC 把自身的角色限制在都市设计上，所以它并不试图影响西班牙风格的室内装潢样式，不过，万一室内设计师企图改变外观时，LRC 必须坚持立场。

　　酒店业主对 LRC 在协助保护用地方面所做的努力表示感激，而且称呼 LRC 为他们的计划开路的利剑。开发商对 LRC 建筑师的工作非常满意，于是继续聘请 LRC 设计 5 家在美国其他地方的酒店。

　　都市再开发的过程经常导致赢家和输家的产生。但 LRC 的参与为使馆套房酒店和圣保罗的农民市场带来了双赢的结果。它乐于邀请建筑师和市府官员们，包括 LRC 在圣保罗港务局的前对头，在白宫分享它因下城再开发项目而接受总统设计奖的表彰。

　　**策略总结**：在市长邀请 LRC 参与审查过程之后，它克服了各种令人生畏的挑战，受到参与各方的认可。虽然 LRC 反对将圣保罗农民市场的钢棚认定为历史建筑，但它也帮助农民在靠近米尔斯公园附近找到新家并取得资金。在设计过程中，LRC 为酒店设定具体的导则，并做出备用设计方案以影响酒店的外部设计，此外节约市政土地，以利将来的开发。为新的开发创造空间，同时维护及改进长期市场，这不仅巩固了这一社区的经济，也为下城居民提供了一个本地的、持续性的、便捷的食品供应。

　　**后续发展**：圣保罗农民市场成功经营数年后，农民宣布将市场迁移到密西西比河对岸的新场所。LRC 尝试让他们打消这个念头，但是农民非常坚持。结果，农民无法保住在对岸的场地和资金，又重新集中精力更新原

**从旧市场到新的……**

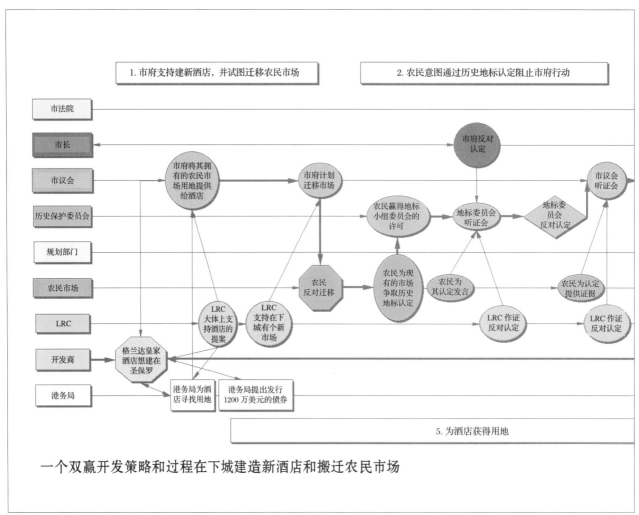

**一个双赢开发策略和过程在下城建造新酒店和搬迁农民市场**

这张图表显示出在酒店和圣保罗农民市场的案例中，指导一个开发项目的过程有多复杂和具有挑战性。矩形小块（左）表示参与的各单位；在它们右边的图解表示，必须有那么多的步骤和参与者的互动，同时心怀广大的社区目标，才能完成一个项目。

**从阻止新酒店不兼容的设计——到建造一栋更兼容的酒店建筑**

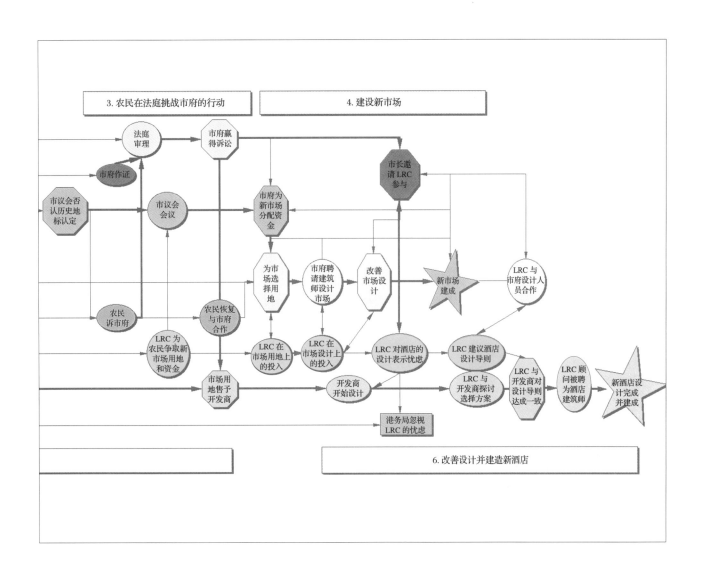

米尔斯公园是一项在下城居民和企业的建议下，由一位艺术家和一位景观设计师合作的结果。

本在下城的市场。LRC 以保证重建资金来重新开始它对农民市场的支持，使得农民可以继续进行市场更新。原计划建设一个新的、四季营运的室内市场，而且上有住房，下有停车场。招募来的开发商开始进行施工后，却因纠纷而上法庭导致施工暂停。后来圣保罗市政府收回所有权，并完成了住房建设，不过减少了一些零售空间。

## 创造一个村庄中心：米尔斯公园

米尔斯公园很像更新前的下城，一度以无家可归者的避难所而广为人知。现在它是社区的中心点——一个可爱、贴近自然的广场，吸引来自市中心的所有居民、孩子、上班族。这个公园是多年规划和努力的产物，参与其中的有许多艺术家、社区成员、开发商、一位景观设计师、一位雕塑家，还有至少 3 家公共机构。

通过邀请位于西雅图市的公共空间项目事务所（Project for Public Spaces）来对这个公园的日照模式、植物、公共空间进行实地调研，LRC 开始开展这一项目。在与圣保罗公共艺术组织（Public Art St. Paul）合作进行一项全国搜寻之后，LRC 聘请了一位来自得克萨斯州的雕塑家布拉德·戈德堡（Brad Goldberg）和市府的公园管理人员合作。LRC 组织了一个市民咨询委员会以监督设计过程；也举办公共会议，研究公众的需要，以确保设计充分考虑到社区愿望。

LRC 向艺术家和市府的景观设计师提出建议，希望他们的设计兼具创意并避免任何的相互冲突。它也积极维护这个过程顺利进行，同时协助募款。LRC 不时努力调解不同的设计概念并搜寻替代设计方案，一度还要阻止"圆形骑马道"（carousel ride）计划的通过。这个计划与其他用途不兼容，还会破坏公园设计，虽是由社区组织成员提出，但也未详细征询社区的意见。最后，在这个过程中产生出来的设计拥有简单动人的形式，而这一形式又基于一个含蓄又深刻的设计理念：一条河流象征密西西比河，一个圆形广场代表这个都市。

一条低矮的白云岩质石灰岩断丘斜跨整个公园，并将它一分为二。其中一边的景观美化，颇像正式的法国花园，树木都有着一定的间隔；另一边则更像英国花园——不正式又带点乡村的感觉。一条小径蜿蜒通过并环

重新设计与建设的米尔斯公园——有树、有花、有小溪穿过，还有供社区活动使用的广场和凉亭。

两位米尔斯公园园艺志愿者。

质量从来不是意外。它是明智工作的结果。它是产生卓越成果的意志。
——约翰·拉斯金
（John Ruskin）

儿童游乐场是由一位艺术家和一位景观设计师与市民咨询委员会合作的结果。

绕公园，散步者可以欣赏郁金香、向日葵，以及栽植水桦木、白杨树、红松的小树林。

一条人造小溪从街区的一角流向另一角，充分利用这个公园的 10 英尺落差。在小溪底部的水泵循环着溪水，水桦木沿着溪岸排成一列，踏脚石的排列位置方便人们横跨。铁和木头制作的长椅和其他的细部设计为公园增添了历史感。周密的照明设计依赖的是安置在树上的夹具，而不是传统的灯杆。照明设备安装在四周大楼的屋顶上，以确保在各种场合下都有适当的灯光。

公园总体设计很简单，单位成本仅及圣保罗典型都市公园的五分之一。它是一块吸引大众的磁铁、忙碌都市中的世外桃源。两所圣保罗的公园，以其设计与施工，赢得美国景观设计师协会颁发的"两百年奖"（全国只颁发 200 个这样的奖项）。在圣保罗的两个奖，一个颁给科莫公园（Como Park）的更新工作，那是个规模大得多的设施；另一个是米尔斯公园，只不过是一个都市街区而已。

米尔斯公园竣工数年后，仍然不断吸引大众的支持。志愿者团体"米尔斯公园之友"协助维护场地，接壤的房地产业主和 LRC 提供的资金资助，超过了公园的维护基金；活跃的花园俱乐部，更召集园艺家志愿者种植和照料花朵。目前公园比以往更加漂亮。在 LRC 未来基金的赞助下，这个花园俱乐部还发行时事通讯（newsletter），以保持社区信息通畅和居民参与。

以类似方式在第四街和瑟柏里街创造出一个供下城和市中心的小孩及家庭使用的"儿童游乐场"——一个由艺术家和景观设计师合作设计，同时也将社区参与及建议考虑进去。它提供有趣的游戏设备——一辆火车和一艘船，象征着这个都市的历史。面朝这个空间的一幅壁画，则展示出草原的景观。

**策略总结**：米尔斯公园项目的核心，是对社区设计过程的承诺，它鼓励想法的自由沟通，同时能够做出明智、灵敏和及时的决定。因为 LRC 搜寻全国创意人才，所以能够聘请到一流的雕塑家密切地与市府景观设计师合作。LRC 提醒设计团队，城市村庄需要一个村庄中心（village common），并向团队提出建议，希望他们不断搜寻最好的设计。这个创新过程使公园转型为独特的公共空间。后来这位雕塑家受委托到明尼阿波利

几个餐厅坐落在米尔斯公园四周。

斯市中心的尼可雷特步行大道创作公共艺术作品。

**后续发展：** 今天这座公园受到市中心居民、上班族和游客的喜爱，还包括分散在公园四周的餐厅客人，他们有些透过玻璃墙，有些则坐在人行道的座位上欣赏公园景色。持续的潺潺流水声为那些部分受到 LRC 未来基金赞助的公共活动（如 2009 年和 2010 年双子城爵士音乐会），提供令人愉快的背景音。各年龄层的园艺志愿者共同维护植栽的美丽。

米尔斯公园在吸引餐厅（如 Barrio 和 Bulldog）与高科技公司（如克雷超级计算机公司）入住下城方面起着关键作用。这座公园让下城变成一个适合居住的地区。

## 设定导则：KTCA-TV 和市立停车场

当圣保罗市计划针对下城 L 街区进行再开发时，市府要求 LRC 协助制定设计导则。经过研究用地和四周的建筑物，LRC 建议所有新建筑必须融入相邻的圣保罗联合车站、中央邮政局和伯灵顿北方大楼，也建议保持并扩大该用地所能见到的密西西比河风光。

与其他项目相同，LRC 仅挑选几个关键的导则进行审查，从而抓住这块用地的优势，并且将这块用地内的建筑彼此联系在一起，以便留住这个地区的特色。基于希望在设计上给予建筑师最大的自由，LRC 并未列出一长串的要求或者坚持某种设计样式。在考虑几个关键标准后，LRC 把它的导则简化成以下四个要点：

1. 体量与高度的控制。LRC 建议在街区的北边和东边盖较高的建筑，较低

LRC 的研究模型显示出较低的建筑物（KTCA 和市立停车场）在前，较高的建筑物在后面，则两者皆能欣赏到密西西比河的风景。

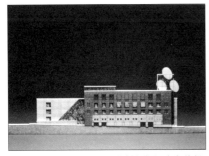

替代设计方案（左）显示出设计导则可以如何执行，及 KTCA 与停车场如何结合在一起。竣工后的大楼可以加盖两层楼，以备未来之需（中、右）。

的则建在西边与南边，以扩大密西西比河景观的可见度。它也建议建筑物的高度不要超过邻近的伯灵顿北方大楼的十层。

2. 砌筑材料与颜色。LRC 推荐以砖和石材为主要材料，并建议采用红色及棕色系，以便联系建筑物和相邻的结构体。

3. 窗户开洞与墙壁的比例。调查四周建筑物的立面后，发现窗户与墙壁的平均窗墙比为 30%。LRC 提议新建筑维持一个类似的比例，避免产生一个全玻璃或全砖墙的外观。

4. 行人与行车道。LRC 强调便捷的人行道的重要性，不论在街上还是人行天桥。以及便捷的通往车库的车行道和街区上的货车通道。

随着市府确定该地区为公共电视台 KTCA 和市立停车场用地时，LRC 也应邀参加设计讨论，参与的还有电视台、市府，以及他们共同聘请的建筑师。LRC 提出多个备选设计方案，并说明为何遵守导则能够让一个设计符合两个设施的需要，可使两个设施整合为一，同时给予 KTCA 扩展的空间。这个设计也在其余的街区中，预留空间给另一个相容的用途。

最后，停车场安置在电视台底层，有一半在地下。车库上半部的立面设计和 KTCA 的设计融合成一个单一、无缝的结构体，并与市中心的人行天桥系统完美整合。考虑到今后的扩展需要，电视台的结构还能支持加建两层楼，车库的东段可以支持另外的 10 层楼。用于 KTCA/ 车库项目的设计导则后来引导了在同一街区上的另外一个项目——3 层（可扩充到 6 层）楼高的联合劝募协会大楼（United Way Building）。

**策略总结**：LRC 小心选择设计导则，准备多个备选设计方案，参与和 KTCA（现在属于 TPT）、联合劝募协会、市府的创意性对话，从而为两个建筑实现更好的设计。它也确保建筑物之间采用市中心人行天桥系统作为连接。

**后续发展**：TPT 和联合劝募协会继续使用这里。数年前，有个开发商提出紧邻 TPT 和联合劝募协会大楼盖一栋 28 层的住宅大楼，这将取代儿童游乐场。所幸这个开发商无法保证获得融资，因此该计划没有进行下去。新市长为了响应社区居民要求，将这个游乐场用地转给圣保罗公园暨娱乐局管理，保证它可以永久存在于下城。

联合劝募协会大楼也遵循为这个街区设定的导则，但有着稍不同的设计。

改造后的公园广场中庭大楼。

## 选择一位建筑师：
## 公园广场中庭大楼、文化遗产之家、联合车站

若有人要求 LRC 帮忙为某个下城项目选择建筑师时，它推荐人选的主要着眼点，在于此人具有多少复原老建筑和历史建筑的经验。复原工作中遇到的特殊挑战与新建不同，因此，建筑师必须知道如何平衡改善与保护这两件事。

在公园广场中庭大楼（Park Square Court）项目中，开发商面对的是一座外观极糟的旧仓库。这个结构体曾在 1970 年代重新开发过（尽管不佳），到了 1980 年代，这个建筑物仍有一半是空的，内部仅有两家经营艰难的餐厅、一个临时搭建的剧院空间，以及几个办公室和制造商租户。新开发商来到 LRC 请求帮忙，LRC 及其建筑师重新构思这个建筑的内部空间 ——在街道层放入餐厅，楼上设办公室，中间是个宽大的中庭，较低的楼层设置一家新剧院，使建筑拥有漂亮、通风、明亮的室内，吸引很多不同的租户。

LRC 在公园广场中庭大楼项目上的成功，使它参与相邻的一栋名为"文化遗产之家"（Heritage House）的建筑更新。基于 LRC 的推荐，开发商聘请了设计公园广场中庭大楼的建筑师，将文化遗产之家改为老年人住房。有了明尼苏达历史保护委员会的建议和支持，建筑师在建筑物的部分体量上加建了两层，又在另一部分体量上加建了 1 层，两者的立面都适度地后移。这项扩充创造出足够的额外居住单位，使得这个项目在经济上可行而不必牺牲建筑的历史完整性。

圣保罗的旧铁路车站，亦即联合车站，提出了不同的挑战。这个像巨穴似的建筑空了许多年。有几个人曾经试着做再开发，但没有人成功完成规划设计阶段。有位开发商计划用数层办公室填满建筑中间巨大的中庭，但此计划将毁坏这个建筑。最后，因加尔捷广场的建设增大了下城的再开发势头，一位年轻开发商认识到这座建筑的潜力，故而要求 LRC 协助。LRC 提供贷款担保，同时在开发商的要求下，帮忙选择建筑师。

将旧火车站进行再开发，需要一系列的技术，因此 LRC 制定出一套选择标准。最重要的是，要找到对保护和设计都很敏感的建筑师，而且拥有良好的工作业绩。这一项目要求建筑师确实曾经在复原大型开放式建

文化遗产之家更新为老年人负担得起的住房。

联合车站的二楼成为共管式公寓。

筑、将项目经费控制在预算内、对历史地区的风格融会富有敏感度等三方面都获得过成功。依据 LRC 提供的信息，开发商最后选择了一家从下城发迹、备受赞誉的建筑师事务所。

圣保罗联合车站的再开发，充分利用了这个建筑的最大特色。在外观独特和给人印象深刻的中庭恢复后，这个旧建筑复活了。LRC 协助这个开发商招募到一家中餐馆（Leeann Chin），和一家希腊餐馆克里斯多斯（Christos）。原本的售票处变成酒吧，走道的一处小咖啡馆也可以用餐。楼上，几个高科技公司开业。中庭则用来举办社区聚会和婚宴。后来，LRC 获得市府基金，将人行天桥系统延伸到这个建筑。

**策略总结：**就公园广场中庭大楼的再开发而言，LRC 准备了多个备选设计方案。对于文化遗产之家和联合车站项目，它协助开发商选择素质良好的建筑师。有了能干又对历史地区风格富有敏感度的建筑师，LRC 的工作变得相对轻松。在这 3 个案例中，它全都提供资金。结果是，保存和再利用独特的建筑物，为艺术家、老年人以及其他人提供了漂亮又平价的住房。

**后续发展：**由 LRC 替联合车站招募来的中餐馆，在这一区成功后，发展成大规模连锁餐厅，分布于双子城。最近它改变市场策略，专注快餐，关闭了全部拥有餐桌服务的餐厅，包括联合车站这一家。由于办公用房市场疲软，同时市中心住房需求增加，所以车站内原本的办公室和餐厅空间转变成共管式公寓。希腊餐馆和人行道小咖啡馆仍继续经营，中庭仍保留为公共场地，可供社区聚会和婚礼使用。

在将联合车站恢复成一个多式联运终点站的准备期间，拉姆希县取得

第一次改造之后，联合车站在主楼层容纳了希腊和中国餐馆，办公室则位于二层。

LRC 意图建造艺术家住房，失败过 3 次，包括沃尔什大楼。第四次才成功。

联合车站的厅舍铺位与中央大厅的所有权。有了新的联邦融资，该县发出"方案征集书"，同时选择施工和设计公司，以推动项目进行。通过这个恢复后的车站，轻轨捷运铁路将连接圣保罗市中心和明尼阿波利斯。美国国铁将从目前正在营运的"中途站"搬回联合车站，并且仍继续它横跨美国与其他都市的联系。

## 建设创意社区：艺术家住房供给和艺术活动

举凡都市更新，很明显地都会迫使在老旧商业建筑内居住和工作的艺术家搬走。就在 LRC 成立的 1970 年代末期，下城的仓库是 100 位艺术家的家。如何使他们继续留在这个区域，是 LRC 最早关心的事情之一。

LRC 向市府坦陈当时的关切，并邀请一位市府高层的规划人员一起到波士顿和华盛顿特区去考察艺术家住房。回来之后，这位领导深信在圣保罗维护一个充满活力的艺术小区的重要性。她聘请了一位规划师和 LRC 一起工作，与艺术家、大楼业主、开发商、非营利组织和基金会共同探索有关艺术家住房供给上的诸多问题。

LRC 填补融资缺口，并且聘请一位建筑师进行阁楼设计，可是 LRC 首次尝试保护艺术家住房以失败告终。在一个案例中，开发商已经准备就绪，但是艺术家意见尚未统一；另一个案例是，LRC 帮某个业主完成了一个出色的设计后，业主却改变主意了。还有一个案例是，市府和一部分艺术家同意某个规划，可是业主拒绝出售。每个挫折都令人失望，不过 LRC 却拒绝放弃。

今天下城给 500 位艺术家提供居住和工作空间，同时容纳大小艺术组织。

北方仓库大楼（左）提供一般住房给艺术家和艺术组织，提尔斯诺大楼（右）则提供较大住房给已婚艺术家和他们的家庭。

*如果没有 LRC，我认为这个社区不会在这里。你必须有个实体，它可以关注创建整个中心，而且从那里发出芽来。*

*——塔－康巴·埃肯*

*（Ta-coumba Aiken）*

*下城艺术家*

LRC 与联合车站项目背后的开发商共同协作，终于成功。这个开发商看出新的艺术家住宅供给是有需求的，而且他有开发经验，又热心奉献。他取得一栋半闲置的办公大楼上半部分的所有权。LRC 和市府、艺术家一起与开发商合作，在下城创造出第一个艺术家住房项目。其后又有其他三个艺术家住房项目很快跟进。因此，不但没有驱赶艺术家，LRC 反而扩大了这个区域的艺术家社区。

LRC 对艺术家的住宅供给所做的贡献帮助说服越来越多的艺术组织进驻下城。包括明尼苏达州艺术委员会、杰尔姆基金会（Jerome Foundation）、圣保罗公共艺术组织（Public Art St.Paul）、艺术跳板（Springboard for the Arts）、鹦鹉螺音乐剧场（Nautilus Music Theater）、时代精神（Zeitgeist，音乐四重奏）、明尼苏达芭蕾舞学院。每逢春秋，下城艺术展吸引数万名参观者到数百个工作室。现场音乐飘过米尔斯公园。画廊、咖啡馆、音乐会、现场表演增添了这个区域的活力。

多年来，LRC 与明尼苏达室内音乐协会合作在下城的"宴会大厅"和"会议中心"（东第五街 180 号的美国信托大楼内）推出系列音乐会。LRC 和圣保罗公共艺术组织携手合作"下城艺术大道项目"（Lowertown Artsway project），以及与世界闻名的大提琴家马友友和明尼苏达室内音乐协会推出音乐会，纪念第二次世界大战中的亚洲大屠杀。并委托中、美、日、韩四大作曲家创作 4 件新作品，2001 年 5 月在圣保罗首演，而整个系列又在当年 9 月 18 日"世界和平日"进行全国性的广播，此外，2005 年，该系列于圣克鲁斯举办的环太平洋音乐会中再次演出。

**策略总结**：在早期填补融资缺口和创意设计两件工具的武装下，LRC 得以稳健、持续地和艺术家、艺术组织、市府、一位非营利开发商一起合作，在下城创造出新的艺术家住房。它把在其他州获得的艺术家住宅成功经验与市府人员分享，促使市府聘请新职员和 LRC 共同处理艺术家住宅事宜。LRC 将艺术组织和大楼业主联系起来，同时帮助他们在这个地区扎根。它也支持每年的艺术展和其他地方性及全国性的艺术活动。用优秀的设计更新原建筑，不但让下城社区更宜居，而且让社区更富有创意。

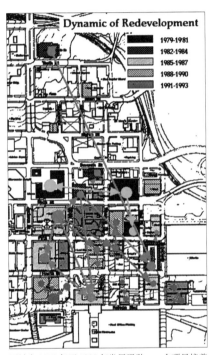

下城在 1979 年至 1993 年发展强劲，一个项目接着一个项目启动。联合车站的修复和轻轨捷运的延伸将刺激未来的发展。

*这项工作受到创意性的和强大的城市建设愿景的引导。不像老派的都市更新，依赖大量的联邦资金与随一个死板计划而来的大规模干预，（LRC）使用立足于一系列政府与社会资本合作关系的微妙方法，以促使不断地调整这个愿景。*

*——引自四年一度的卓越设计总统奖，1985 年*

# 收获的经验

以下这 7 件事是 LRC 这些年来从设计上学到的：

1. **成功的都市设计始于策略愿景与逐步实施的行动**。想为一个计划获取公众支持，周详、系统的策略愿景是最重要的因素。但仅有愿景是不够的，必须有个逐步增值地实现此愿景的清晰步骤。有句中国古谚："大处着眼，小处着手"。在《都市建设艺术》（The Art of Building Cities）一书中，卡米诺·西特（Camillo Sitte）提醒规划者去观察并采取逐步增值的行动："古代人不曾在制图板上设想他们的都市规划。他们的建筑以自然的方式一点一点增加。因此，他们是欣然地被眼中看到的现实所主导的。"

2. **成功的都市设计是个制度化的过程**。都市里无数的轻重缓急事项中，设计未必获得其应有的重视。它们必须凭借有力的领导、足够的资源、有效的设计审查权，才能在都市设计中扮演一个活跃的角色。设计成员必须在都市设计的各方面具备专业知识，包括建筑造型与印象、行为科学、市场调查、都市法规（包括分区法与设计审查条例）、管理程序、资金筹措。官僚主义的繁文缛节必须避免。服务人民的意愿是最基本的。达拉斯的市政执政官，曾经在作为市府文具的职员备忘录底边上，加上了"你在这里的唯一理由就是服务市民"这句话。

3. **成功的都市设计提供具体的导则和创意性的备选方案**。一般性设计轮廓和设计原则——不论多高尚或雄辩地被表达出来——不能自动达成一个期待的结果，细节是极为重要的。设计导则必须为项目提供清楚的轮廓，彼此才能有所关联，同时为设计者留下发挥创意的空间。LRC 对 KTCA／联合劝募协会大楼街区的设计导则只有 4 条。冗长又构思差劲的导则不但无用，还会损及创意性的设计。准备有效的导则需要设计的敏感度和法律背景。构思良好的备选设计方案促进沟通交流，并且促成更好的解决之道（加尔捷广场和使馆套房酒店的备选设计方案协助修改了开发商和圣保罗市的最后设计）。有效的都市设计是一门细致的艺术，需要创意、合作、说服。

4. **成功的都市设计响应市场需求**。它需要的不只是一个明智的土地利用

善行无辙迹；善言无瑕谪；善数不用筹策；善闭无关楗而不可开，善结无绳约而不可解。是以圣人常善救人，故无弃人；常善救物，故无弃物。是谓袭明。

——老子，《道德经》
卢伟民书，2009 年

规划和均衡的运输方案。它需要了解与尊重塑造都市形式的市场力量。经济底线是紧要的。如果不能说服开发商让他们认为可以赚取合理利润，计划只会留在制图板上。每个设计方案都跟着一个具体报价（LRC 在制作圣保罗使馆套房酒店的备选设计方案时雇用了成本分析师）。时间就是金钱，延期可能致命（文化遗产之家的贷款决定只用时 6 天，这使得开发商和市府获得了《1937 年住房法案》第八条的房租补贴）。市场力量不该独断影响城市设计，但规划者必须了解市场并符合它的需求。

5. **成功的都市设计响应人们的需求**。让公众参与公共领域的设计，能够增加成功的几率。规划者必须了解设计的社会影响，而且坚定追求公共利益。例如，将促进多样化置于首位，采取一系列行动，为平价的住房供给寻找足够的资源。如中国诗句所言："安得广厦千万间，大庇天下寒士俱欢颜"（25% 的下城住房供给是为了那些中低收入者，LRC 实现都市重建却没有高档化）。

6. **成功的都市设计依靠创意的才能**。有能力找到和聘用敏感、富有创意的设计师，是个关键。一旦就任，他们在一个创意的环境中做出他们最好的作品。有时候他们必须发掘自身的创造潜力，如在米尔斯公园和儿童游乐场的案例中。有时候，他们必须受到保护，免遭令人窒息的官僚主义和利益追求的影响。（LRC 在明尼苏达和全国范围内寻找和保护一些优秀人才作为咨询顾问，包括明尼苏达美国建筑师协会的金牌得主米罗·汤普森和克雷格·拉弗蒂、得克萨斯州雕塑家布拉德·戈德堡。LRC 与 6 位优秀建筑师愉快分享总统设计奖。）

7. **成功的都市设计需要有效的沟通与政治技巧**。都市设计是个政治性过程。必须充分了解市府的政治平台，及领导人间如何合作或分开。将社区利益放在心中以应对特殊利益群体的压力及政治短视，是一项持续不断的挑战。媒体关系也同样重要。有效的沟通有助于改变公众意见，支持更佳的都市设计（没有这些努力，美国邮局可能在河滨建造巨大的卸货码头，而且复原联合车站和收回密西西比河河滨的机会将永远消失）。

　　设计问题在每个项目和在较大的重建愿景中都起着重要的作用。与"创意社区"有关的，参见第五章；和"布鲁斯·文托自然保护地"有关的，参见第六章；同"河滨花园"愿景有关的，参见第七章；与可持续发展社区有关的，参见第六章与第七章。

# 第三章 从废弃的仓库到新兴的城市村庄

营销以促进愿景的实现

1970 年代末期，复兴前衰落的下城。

在 1970 年代走过圣保罗下城，感觉孤独又沮丧。几十个仓库证明了原本这个区域曾经是活力四射的交通枢纽。然而随着五彩缤纷的汽船和铁路时代远去，下城曾经恶化到它的居民只剩历史的幻影、一小群艺术家和街上无家可归的人而已。

今天，来访者来自四面八方，漫步走过下城——参观艺术展，在米尔斯公园享受潺潺流水声或听音乐，在农民市场购买当地生产的蔬菜或品尝希腊、日本、意大利美食。现在作为一个活跃的城市村庄，下城是 5000 名居民、500 名艺术家、12000 名上班族的家。

居民和企业家在下城创造了一个新的城市村庄。广泛领域的艺术家、家族、青年精英、空巢老人住在经过转型的仓库、阁楼、新共管式公寓、老年人之家里。是什么将他们带来这里？

## 营销之"道"

不论是什么把市政领导人、开发商、商人、居民、来访者带来下城或任何其他街区投资，他们必须首先了解它。营销是 LRC 的最大挑战之一，经过长期努力之后，终获实现。

许多人，包括某些任期甚久的市政领导人，也怀疑下城是否能吸引新投资——当然 LRC 预先承诺的 1 亿美元的投资是很有魄力的。较之前的十年，只有 2200 万美元曾投资在这个地方，其中 1600 万投在一家制造工厂，只有 600 万投在其余的 180 英亩的街区。总之，经过长期的努力、持续的设想、有创意的营销、及时填补融资缺口等策略所吸引来的投资，远

复兴将下城大部分闲置的仓库和停车场转型为新的城市村庄。

1970 年代末期下城冷清的夜晚。

远超过早期目标,这种发展是如何发生在一个像圣保罗一样的中型都市,这是值得审视一番的。

## 面对重建中令人生畏的挑战

不论哪个都市,在开发的早期阶段都特别困难。在圣保罗的挑战,则是营销一个久遭忽视的地区——满是空荡荡的仓库和停车场。LRC 必须说服投资者、开发商、企业和居民,让他们相信这个区域可以变成一个新的城市村庄,并且充满历史魅力和活力。最重要的是让他们相信,投资是安全的,并会带来相应的回报。

在麦肯奈特基金会所宣称的 1000 万美元 "项目相关投资"(PRI)基金和市府对下城的承诺基础上,两位早期投资者基于自己的动机,进行了早期投资。数据控制公司(Control Data Corporation)认为下城的仓库是个好地方,可以用来测试它的国内策略——企业孵化器。另一个投资者来此开发办公室和住房。《1937 年住房法案》第八条的房租补贴鼓励开发商分出 20% 的住房给予中、低收入者。这只是个开端,还需要更多的投资者来改变这个区域。为了吸引他们,其他人必须分享对下城的展望。

投资者对加尔捷项目没有信心——市府和 LRC 在与第一个预期的开发商为第 40 街区(今加尔捷广场)共同规划了两年多之后,失望地看着第一个预期的开发商退出,而这个项目直到 1985 年才完成。

一名 LRC 员工在达拉斯和一些开发商曾有来往,于是前往达拉斯去游说一群开发商到圣保罗,来认识下城的发展机会。这些人搭乘私人飞机到圣保罗,在位于市中心对岸的霍尔曼·菲尔德机场着陆,下榻市中心的宾馆。在他们到达的那一晚,这位 LRC 员工从他位于公园广场中庭大楼五层的办公室走上街去迎接他们,6 名高大的得克萨斯人迎面走过来。那个晚上,街上没有其他人,连一辆车也没有。这些人看了市场调查,并一直坐到为加尔捷广场所举办的简报会结束。他们边听,边微笑着,说他们很高兴见到他们的朋友,然后离开,再也没有回来。

这些得克萨斯人的反应是可以理解的。当时的下城是个极有投资风险的地区。如果有许多其他地方可以开发,既少点风险,还可获得较高的投资回报,投资者为什么要来这里? LRC 必须展现出投资者们不愿忽略的

持续的重新规划愿景和营销计划相互配合。

市场潜力，必须知道如何通过填补融资缺口以减少风险，必须向他们显示市府强有力的支持，而且协助减少各种官样文章，使得投资者能够顺利行事。考虑到开发目标的规模，LRC 的任务是庞大的，但资源却是有限的。为了效率，它必须为那些数十年来饱受投资缩减之苦的地区找到新机会；必须做有创意的思考；必须策略性地使用它的资源，同时和许多其他组织及个人创建新合作伙伴关系。

几个关键活动对早期的营销成功做出了贡献：

· 以令人信服、奖励性的宣传材料和简报，创造出激发兴趣又实际的愿景。
· 为一系列公共和私人实体搭建桥梁和提供杠杆支持，并且及时发现新市场和潜在投资者。
· 以策略性基金填补资金缺口和协助启动开发。

为了更清楚地陈述它的市场，LRC 首先聘请波士顿经济研究事务所（Economic Research Associates, ERA）分析下城的潜力。这家信誉卓著的公司提供有用的数据给潜在的投资者。在最初的分析中，ERA 发现在住房需求上市场有限，或许只有 150 个单位，及一些专营零售商的市场。

## 创造和展现一个新愿景

1979 年，LRC 发布第一个报告《下城重建的初步成果》（An Emerging Future for Lowertown），简要地概述对这个区域的综合性展望："一个人们生活的地方，一个非常宜居的城市村庄，它将把新工作机会、住房、商业发展、全年活动带到下城，为这个都市注入更新后的活力。"这个由 LRC 的董事会和员工集体决定的愿景，是根据当时的情况，以及观察其他地方成功的重建例子而来的。

LRC 准备了一套自印的报告——针对投资者、开发商、非营利机构和基金会——介绍这个区域在多用途开发、住房供给、零售、办公空间方面的潜力，并列举各种融资机会。在有关历史建筑改造项目税收抵免的研讨会上，这个报告略述某些已经完成和正在进行的项目，是有帮助的，报告

第一份 LRC 报告分享了新城市村庄的愿景和它的进展。

也提到了在政府和社会资本方面的许多合作伙伴提供的援助与合作。LRC以邮寄方式或在会议上将报告提供给个人或团体。

1981 年，名为《公私合作重建下城的愿景》的报告，详细说明了对下城这个新城市村庄崭新且更精细的展望。它再次强调构思一张完整的下城景象有多重要，同时阐述了一个综合性策略，不仅考虑到建筑物和开放空间，而且还及于人们在这个区域里的互相影响。每一个这样的方法，都包含了为社会环境的舒适所做的融通和规划、关注经济因素、从长远角度满足社区需要及提供服务——可以实现宜居、创意、可持续发展的具体方法。

除了计划和数据，一个建筑模型和专门的报告有助于人们相信对下城的展望。随着时间的推移，开发商、市行政官员、媒体、出资人等，都见到了实际的进展。例如在最初两年的经营中，根据开发记录，新增 255 个新住房单位、35.6 万平方英尺的商业空间（复原或增加）、930 个新工作岗位，这展示了下城的成功。

1981 年，LRC 开始发布它的成果，不论有多小。随着建筑物的翻修，以及不同年代的照片和其他宣传材料，捕捉下城的历史魅力和逐渐展现出的活力，变得愈来愈容易。然而为了完成这件事，LRC 必须将它的愿景——以及要证明它有能力实现这个愿景——传播给适合的人群，同时鼓励不同的行业同心协力。

搭建桥梁和接触不同的利益群体是早期再开发工作的关键。一对一会议和报告会，例如为费城开发商所做的下城建筑导览、与预期的开发商分享市场调查和报告、在地方和全国性的研讨会和大型会议上演讲，这都使得开发商和投资者感到舒心，而且确保市府官员、私人基金、社区代表的必要支持。这种利用多方面支持的努力，确保了创造出一个具有多用途和不同收入人群的城市村庄。

LRC 为了避免驱赶目前居民所做的审慎努力，有助于实现重建，且无高档化之虞。实现这个目标意味着让潜在的投资者知道，LRC 会保证建造平价住房所需的融资。发生在低租金区域的再开发经常驱赶那些需要低租金住房的艺术家。吸取过去的教训，LRC 直接和艺术家居民合作，填补关键的资金缺口，并通过个人接触和发布广告，在基金会与投资者之间搭建桥梁来分享共同愿景——把艺术家和他们的赞助者联合起来创造自己的市场。

结果，下城活力四射的艺术社区成为展现这个区域独特的地方感至为重要的元素。除了说明一种合作的理念，LRC 对艺术的早期承诺证明了它的眼光已超越经济研究者所强调的传统市场。几年来，对潜在的不寻常的新市场的持续关注，产生了巨大的投资，提供了多种形式的住房，以及在其他人认识到它们的潜力之前，通过首倡网络村（Cyber-Village），将高科技公司吸引到这个区域。

认识到特定建筑的开发潜力，并且听从经验丰富的营销顾问的建议，LRC 得以不断地伸向新市场及其延伸，提供令人信服的宣传材料，建立合作伙伴关系，逐渐走向成功。空荡荡的仓库一个接一个变成成功的企业和住房开发项目。

早期的市场调查显示的不仅是人们所希望的住房尺寸和价格范围，还有配套的康乐设施，也是宜居生活的一项要素，包括餐厅、咖啡馆、公园和运动的地方。LRC 很早就注重增加康乐设施，比如基督教青年会的一处设施和一连串热门餐厅。还有完全再开发的米尔斯公园变成下城广受欢迎的村中广场。

## 营销工具的创新使用

对下城的营销随时间推移而改变——在早期，LRC 设法说服人们相信下城的潜力；后来它专注于扩大投资，寻找新市场，致力于这个区域持续健康的发展，并关注历史久远的联合车站、河滨和下一个城市村庄的未来。不过，它的目标受众和核心营销工具仍保持不变。

多年来，利用印刷媒体、模型、展览、节庆活动、演讲活动、项目开工仪式、网站、视频、CD，以及其他营销工具，让投资者、市政领导、私人基金会、国家领导人与一般大众等庞大对象，成功地认识了下城。

### 印刷媒体

印刷媒体——小册子、报告和公告（bulletin）是成功的营销工具。照片展现了这个区域的美丽，诸如下城的历史建筑、可爱的公园、1920 年代的街景、生动活泼的画廊、咖啡馆，是非常有效的宣传方式。所有的印刷材料都经过专业设计，并在严格的预算下进行印制。

和他人合作，意味着分摊成本，例如提供给开发商和建筑业主的精心制作的报告，可用来招募租客。与圣保罗历史保护委员会（HPC）合作，才有可能制作出《圣保罗下城历史街区漫游指南》。与开发商的合作，制作出住房手册，并列出区内餐厅；另一项与建筑业主的合作，促成了参观者手册的发行。

印刷材料的分发随对象而变化。用来吸引游客的小册子被放在宾馆、圣保罗市政府、明尼苏达历史中心、美洲商城中心的旅游办公室。其他宣传品需要特别定制，比如针对高科技公司的指南和概述多种住房选择的小册子。LRC 的时事通讯——《下城公告》则送到居民、企业、给予资助的基金会和主要的市府官员手中。还会发个人信件给投资人，介绍相关项目的最新进展，不论是已完成的还是进行中的项目。

### 建筑模型、渲染图、展览

按比例制作的大型建筑模型，是最成功的营销工具之一。LRC 总裁是明尼苏达建筑学院的客座教授，也是团队的一员，他把下城做为都市设计的实验；由学生制作的模型，也是教学用具之一。具吸引力的彩色渲染图展现出它所设想的新城市村庄，模型和渲染图展现出未来——漂亮的建筑、受欢迎的公园、充满活力的城市村庄。在定期更新以反映新的开发状况方面，模型是极具效果的。

模型、渲染图，以及其他营销方式是很有用的，尤其在一系列的展览中，包括由都市土地学会赞助的市长论坛、由 LRC 和圣保罗市及明尼苏达大学举办的居民讨论会，以及在美洲商城举行的科技交易会和展览等，他们可以联合市政府、州府河协会、拉姆希县车站选址调研组（负责联合车站开发）、首府都市合作关系（Capital City Partnership）等合作伙伴。

### 付费广告

在报纸、杂志、旅游指南上的付费广告，也有助于提升下城形象。譬如，低成本的小广告，让人们对下城的住房选择产生兴趣。在杂志和其他地方性平面媒体，例如《圣保罗先锋报》、《明尼苏达房地产》、当地周报里面的插页广告，有着专门的主题、漂亮的彩色照片和设计，吸引人们来

报纸广告和插页有助于将下城营销给投资者和其他读者。

LRC 通过设计和融资协助公园广场中庭大楼项目。市长拉蒂默的出席有助营销。

引导参观是持续的营销工作中重要的一部分。

一份定期发布的《下城公告》告知合作伙伴和大众
重建的进展。

参观、模型、展览、会议是早期的营销方式。

奠基和剪彩仪式是另一种营销下城的方法。

LRC 很高兴与合作伙伴分享荣誉和奖项（如总统设计奖），也起到了宣传效用（《圣保罗先锋报》，1985 年 1 月 31 日）。

下城居住。有些广告通过列举数以百计来自社区各阶层参与重建的合作伙伴的姓名，以彰显下城重建的团队精神。

## 开工仪式

与媒体定期沟通是个好方法，将下城的转型和它所提供的机会传播给大众知道。与媒体的定期沟通不但可以和媒体建立关系，并且使当地两家报纸的记者了解了下城的目标和意图，因此当困难问题发生时，报纸发表了分析客观的评论来支持社区的利益。

当在当地有开工仪式和其他这类活动时，LRC 邀请现任市长致辞，准备新闻稿，进行访问和参观考察。由此，当地媒体几乎将下城每一次的开工典礼、餐厅开业、公共空间的奠基等都给予报道。其中有几次，LRC 与下城合而为一，成为专题报道中的明星。这些相当于在下城重建过程中不必付款的广告。这项努力也获得一些领导人的支持，例如美国国家历史保护信托会主席，便一次又一次地谈到下城。

## 获奖促成媒体的报道

获得 1985 年总统设计奖、美国国家历史保护信托会荣誉奖，以及其他国家荣誉，帮助 LRC 为社区取得了宣传机会，并且和它的合作伙伴分享荣誉。有些奖项如布鲁纳奖，会将奖项最后入选者及获奖者的名单公布在网站上，让其他人分享。总之，如何跟上下城的发展，是一项挑战。

全国性报刊的专栏作家尼尔·皮尔斯（Neal Peirce）写了几篇有关这项重建工作的文章，发表在全国 150 家报纸上。在知名作家暨都市及保护的领导人，包括理查德·牟（Richard Moe）、约瑟夫·赫德纳特（Joseph Hudnut）、格雷迪·克莱（Grady Clay），所写的书也帮助宣传了下城重建。这种全国性的宣传，十分有助于吸引其他都市的开发商，譬如费城、波士顿、亚特兰大。

## 参观考察、办公室样板间

LRC 推出参观考察来吸引和帮助投资者、艺术组织，以及非营利组织，如 KTCA，选择他们想要投资的建筑物。LRC 也参与研讨会、参观考察，以及其他活动，目的在于提供机会让人们体验下城的不同风情。在它

小册子、市场调查、时事通讯、出版物、公开演讲都是营销策略。LRC 的网站是另一个与大众沟通的渠道。为大楼业主设置一个办公室样板间也有助营销。

经常以报纸广告（左）感谢合作伙伴们的努力。在米尔斯公园与联合车站举办节庆活动（右）促进地区的
复兴。

精选的广告位置有助于向投资者和读者宣传下城。

网络村愿景（左）吸引网络服务和内容提供商。小册子和节庆活动是营销活动的一部分。有关赞赏农民市场与新酒店建设的报道也有助宣传（《圣保罗电讯报》，
1983 年 8 月 24 日）（右）。

的早期工作中，为了帮助一位建筑物业主出租他的办公空间，LRC 和室内设计师合作，制作出一间办公室样板间，并邀请新闻界报道它的开幕。此举为这个建筑创造出免费宣传，亦有助于完成租赁。

## 获赞助的庆典与事件

庆典、事件，以及其他活动将参观者吸引到下城来。1991 年，下城艺术展包含了参观当地艺术家的工作室与画廊，此后的展览在两个周末吸引了 4 万人前来参观。一个"计算机展"专门展示了这个区域的高科技公司。安妮·弗兰克（Anne Frank）环球展、2000 年龙节、在美国信托大楼的宴会大厅举办的地方性交际舞比赛等，都是其他成功的案例，它们得到市内、外不同组织，以及一位建筑物业主的赞助。中午在宴会大厅演出的"室内音乐会系列"，吸引了许多居民和市中心上班族来到那个巨大、漂亮的室内广场。近年来受到 LRC 支持的音乐活动，如"双子城爵士乐"和在米尔斯公园的"混凝土与野草音乐节"，都极受欢迎。

## 视频、网站、新媒体

在网络顾问的协助下，网站 www.lowertown.org 的建立，始于 1990 年代，成为营销下城的另一种工具。这个网站每个月固定有 5000 次的点击。鼓励在网站之间做更大的联结，也让下城更多地进入公众视野。与下城高科技公司之间的合作，促成网络村网站比预期更早出现。LRC 也利用视频和 CD-DVD ROMs 进行宣传，内容包含"下城：从废弃的仓库到新兴的城市村庄"。

## 一对一会谈

一对一会谈对下城有非凡的价值。在这几年中，这些会谈连同个人的书信往来，给决策者、公务人员和其他身为下城复苏的关键人物带来具体的信息。

不论一个设计多么有远见或者市场多么强劲，与潜在的投资者进行面对面的会谈——让他们对市场变得有信心——才是引导他们对这个社区进行投资的关键因素。LRC 与费城的"历史地标公司"（Historic Landmarks for Living）之间的合作是个好例子。一次对下城建筑的参观考察和与该公

在米尔斯公园的许多音乐节之一（上）。各艺术团体的演出，例如明尼苏达室内音乐协会（中）和华裔舞蹈团（下）也增进公众对下城的认识。

司负责人的会议，促成它第一次的收购投资。经过进一步和 LRC、圣保罗市府开会协商，这家公司决定购买另外两栋建筑，最后带给下城 6500 万美元的投资。一对一会谈，在招募像明尼苏达州华裔协会（Chinese American Association of Minnesota）中国舞蹈剧院的艺术组织，以及像 gofast.net 计算机公司等一些网络公司时，也起到关键性作用。

## 演讲活动

　　LRC 在下城及其他都市的工作，使 LRC 董事长经常受邀到全国各地演讲，听众包括决策者、规划人员、开发商、艺术总监、市府公务员。在都市土地学会、美国规划协会、市长论坛、国际都市设计研讨会、（伦敦）艺术与城市更新等大会上，幻灯片、演示文稿、视频让演讲更加生动丰富。其次，结合了下城出现在书籍、论文，以及有关艺术社区、都市再开发、历史地区研究方面的各类宣传，更有助于在下城所做的工作取得国内、国际的声誉。今天，来自许多都市和国家的人们，亲自体会到它的成功。

# 提倡公众利益

　　有时候，独立非营利团体的宣传工作必须超越营销。有时为了公众的利益，LRC 必须挺身而出，例如在 2000 年美国邮政局（USPS）提出大扩建计划时。

## 阻止美国邮政局在河滨的扩张

　　当美国邮政局得到 3000 万美元的拨款，计划在河滨扩张时，LRC 非常担忧这将对下城带来潜在的负面影响。在主要的河滨房地产开发区上扩建卸货码头和因此带来的货车交通量增加，不仅不利于成长中的居民社区，更将阻止具有历史意义的联合车站作为交通枢纽的再开发工作，甚至波及原本为住房和娱乐预留的河滨之地。

　　由于市府未能说服美国邮政局改变地点，所以将问题诉诸公众似乎是唯一的选择。LRC 将它的河滨花园愿景与本地记者分享，同时提醒他们关于美国邮政局的搬迁将消除联合车站的复原、轻轨捷运铁路的开发、河滨的住房供给，以及公园开发的可能性，并鼓励《明尼苏达明星论坛报》与

LRC 提出一个有关开发河滨、联合车站、下飞冷地区的愿景（《明尼阿波利斯明星论坛报》，2000年7月22日）。

LRC 与当地新闻媒体分享河滨花园愿景，有关河滨花园规划的最新信息见第七章。

《圣保罗先锋报》两位记者，针对这个扩张表达出社区的强烈反对。

　　报道也显示，就联合车站的复原与河滨的开发来说，河滨花园愿景对于社区的未来更好。虽然没有其他团体站出来，而且美国邮政局已经接到投标，也准备好进行下一步，但是它接到消息后将计划延期，并考虑变更地点，这给联合车站与河滨带来新的机会。

## 支持搬迁

　　LRC 积极地设法利用机会和联邦、州、县、市层级成为合作伙伴关系。它从 2001 年起服务于车站选址调研组，一个由拉姆希县组成的团队，目的是寻找一个适合作为多式联运终点站的场地。联合车站众望所归。为了这一提议，第一步就是搬迁主要邮局。因此，LRC 坚决支持将邮政局迁往郊区，也为美国邮政局扩充大宗邮寄设施提供空间。

　　"河滨花园规划"（参见第七章）也有助于将联合车站再开发为多式联运终点站、把下城住房延伸到河滨，以及建设一个新游艇码头、一个艺术中心和河滨长廊。

和新闻媒体不时交流有助于将下城问题公开化，并鼓励政府做决策时以大众利益为先（《圣保罗先锋报》，2000 年 8 月 20 日）。

LRC 与历史保护委员会、圣保罗市议会、当地新闻媒体的交流，引起大家的关注，帮助克瑞恩大楼免于拆毁（《圣保罗先锋报》，上，1997 年 11 月 11 日。《明尼苏达明星论坛报》，下，1998 年 2 月 12 日）。

## 拯救宝石：克瑞恩大楼

下城里具有历史意义的仓库，对这个区域来说，是非常有价值的资源。一旦复原，这些建筑不但会增加下城的魅力，还保留了与圣保罗过去的连接。但有些业主只是寻找简单方式和快速获利，倾向于拆除这些极好的建筑，重建成停车场或新的大楼。

LRC 偶尔也依靠自己的努力拯救岌岌可危的建筑。在这些情况下，它不但和圣保罗市密切合作，也毫不犹豫地运用媒体和其他论坛，以影响公众的意见。在保护工作中，像拯救克瑞恩大楼（The Crane Building），便显示出公共关系的重要性。

邻接圣保罗农民市场的旧克瑞恩·欧德威仓库已空了好多年，一度以过高价格尝试出售未果的业主宣称要将它拆除，此时 LRC 介入。根据一项由 LRC 促成的历史资源调查来看，这栋仓库具有重大的建筑价值。LRC 在听证会上发言，并且和圣保罗历史保护委员会（HPC）、圣保罗市议会、明尼苏达保护联盟协商；也和当地新闻媒体合作，尤其庆幸《圣保罗先锋报》的建筑评论员也支持 LRC 的观点。

公共关系的拓展发生了作用。圣保罗历史保护委员会否决了于 1977 年下半年拆毁该建筑的许可申请，同时圣保罗市政府在 1998 年 2 月支持了圣保罗历史保护委员会的建议。一位熟悉下城重建的市议员称大楼为"宝石"，而且大声疾呼否决拆除许可。

非营利组织开发商"中央社区住房信托公司"，今改名为爱恩公司（Aeon），从 LRC 获得融资收购克瑞恩大楼。在项目的设计阶段，LRC 帮助这家公司和社区取得联系，以建立起公众对这个项目的支持。圣保罗市政府和几个私人基金会为建筑物的复原提供了额外的融资。目前这个大楼提供优质又平价的住房，给予低收入的个人和家庭，以及以前无家可归的人等。2007 年，圣保罗历史保护委员会对这个项目的适应性开发进行了颁奖。

## 避免不兼容的开发

当东城与下城街区面临开发商计划将住房置于 LRC 耗时七年多所建造的布鲁斯·文托自然保护地旁边的压力时，社区人士带领新闻界、合作

克瑞恩大楼更新成 70 个单位的平价住房。其中一些为艺术家所租用。

持续努力改善公园，并增加餐厅及运动场所，有助
于吸引投资者、居民，以及企业。

伙伴、政治领导人、市府职员做了多次参观，促成相当多的新闻报道，使得居民的声音为人所知。市府在新的市长克里斯·柯尔曼（Chris Coleman）领导下划定相邻的地方为公园用地。由社区发起的下飞冷（Lower Phalen）溪计划，在 LRC 协助下募得 93 万美元，购入并清理这块地，计划建设保护地解说中心。

## 注重康乐设施和需要

通过市场调查与观察世界各地其他重建结果，LRC 认识到康乐设施的重要，也将其作为开发和营销策略的一部分。LRC 做了许多专门的工作以吸引和提供各种餐厅、咖啡馆、美食广场、理发店、画廊。它竭尽全力——包括对募款工作的担保、协助计划的开发、与加尔捷广场开发商联系——招募到基督教青年会的设施，满足当地的运动设施需要。

由于下城的转变，LRC 开发出多种不同的服务和特色，可以营销至不同的对象。例如，基督教青年会、米尔斯公园、人行天桥、儿童游乐场、土星实验学校、下河滨公园、布鲁斯·文托自然保护地，还有一大批餐厅，包括斗牛犬、巴里欧、蒲公英、哈特兰、黑犬咖啡、葡萄酒吧、克里斯托斯，如今都吸引许多人到下城来。LRC 确保它的目标对象知道这个社区的特点。

## 形成新愿景／市场的进展

下城，作为一个令人兴奋的城市村庄，此一概念固然维持不变，但区域的愿景却随着市场变动而发展，同时出现新的机会。LRC 设法增加住房供给，并且拥抱艺术，作为下城社区的特色之一。

### 艺术社区

在下城再开发的早期，LRC 曾努力避免将艺术家驱赶到别处；它与市政府及艺术家合作建造艺术家住房。经过 3 次失败的尝试（一个建筑物业主放弃计划、艺术家和开发商无法达成共识、一位建筑物业主不想出售），但它并未放弃，第 4 次努力——下城阁楼，这一次所有条件都成

与圣保罗学区合作在市中心建立土星实验学校（后来的威尔斯通学院）。

培育公司和改进租约有助于在年轻企业家和大楼业主之间搭建桥梁（《圣保罗先锋报》，1997年11月24日，报道全文详见附录）。

熟，终于取得成功。

另外3个成功的艺术家住房项目——在第四街上的二六二大楼、北方仓库艺术家合作公寓、提尔斯诺艺术家合作公寓，很快就相继完成了。在最新的面向中低收入人群的平价住房项目"克瑞恩大楼"中，艺术家占了居住单位的10%，其他项目则处于不同规划阶段中。今天，500位以上的艺术家在下城居住和工作，大小艺术组织也进驻此地。包括明尼苏达州艺术委员会（Minnesota State Arts Board）、杰尔姆基金会(Jerome Foundation)、圣保罗公共艺术组织、艺术跳板（Springboard for the Arts）、鹦鹉螺音乐剧场（Nautilus Music Theater）、时代精神（Zeitgeist）（参看第五章）。

## 网络村

LRC不断跟上新市场的脚步，修改愿景，同时开始新的营销活动，以发展更多机会。在对高科技公司营销时，它创造出网络村（Cyber Village）的愿景。对这个区域的营销包括了下城的新旧兼容并蓄，然而实际上一开始则是说服公共电视台KTCA，让它的新设施建在这个区域内。

那时，LRC的董事长任职KTCA的董事会，所以了解电视台目前场地的限制，与迁移到下城的可能性，及高科技基础设施能够将从事高科技工作的租户和居民吸引到这个区域。许多网络和新媒体公司才刚开始营运，同时LRC亦宣传下城具有高速光纤网络和交换站（因为西北贝尔电话与公共电台、电视台靠得很近），所以得以领先其他区域。

鼓励更多的下城公司建立复式网站，是为了促使建筑物业主提供先进

高速网络、转换站、卫星传输设备、独特的建筑空间等吸引许多高科技公司到下城来。

的电信基础设施，包括预配线路、附带网络的办公室空间。下城提供仓库大楼内的平价出租房给公司，并提供有特色又有弹性的空间，此外还有卫星传输设备、高速网络、交换站。下城的历史魅力和多种康乐设施也符合许多高科技公司的"创意阶层"的居住喜好。

特别量身定做的工具——网站、精心安排的杂志广告及其他针对高科技公司的工具——加上网络村概念的宣传材料，提供了到这个领域的通路。为计划搬入的公司所做的导览与支持组建网络村协会，给予这项工作个人体验的机会。早期的计算机公司租户 gofast. net,Inc.，是早期的网络服务提供商。另一个较早的公司租户——HomeStyles Publishing and Marketing,Inc. ——使用尖端技术制作住宅平面图，并销售到全国。最后大约有 70 家公司将下城作为营运中心。网络泡沫化对下城公司的影响，就像它影响国内其他地方的公司一样，有些公司遭到并购，有些倒闭。其他如 gofast.net,Inc.，至今依然活跃。在 2007 年庆祝成立 50 周年的 KTCA（ 用的是新名字 TPT ），至今依旧体质强壮。还有一个超级计算机公司最近将总部设在加尔捷广场（更多有关网络村的内容参见第五章）。

### 自然保护地

另一个需要强有力的规划和营销措施的，是将位于下城边缘、遭废弃的铁路货场转变为自然保护地。这项工作亦即下飞冷溪项目，把下城与位于圣保罗东城的街区连接在一起。1997 年，在东城街区和麦肯奈特基金会项目专员的邀请下，LRC 参与进这项工作，把介于两个街区之间的棕地加以改造。

LRC 与各式各样的领袖、基金会、政府单位合作 8 年才建成自然保护地。这增加了两个街区的影响力，现在正为建造一座解说中心和连接河滨与断崖而努力。

城市规划和设计的主要责任应该是为城市发展 ——就公共政策和行动中所能做到的 ——开拓广大的空间……让广泛的非官方的计划、想法、机会得以兴盛，而公营企业……也随之兴盛。

——简·雅各布斯
(Jane Jacobs)

有关自然保护地及小径，LRC 帮助委员会和基金会制定了一个具有远见的概念性规划，让市府单位、私人基金、其他合伙人明白这块地是值得购买和再开发的。有人希望保留这块地作为足球场，为了阻止其在州议会提出在自然保护地设立足球场的法案，下城拥护者说服一位地区议员引入一项修正案，支持足球场迁到其他地方去。

利用会议、个人联络、媒体关系等各种策略，帮助项目向前推进。在公共土地信托机构（Trust for Public Land）的帮助下，社区购得这片土地，然后捐赠给市政府。土地整理完成后，社区设计中心下属东城青年队，开始恢复本地植物群落。2005 年 5 月该自然保护地被划定为社区的一部分，举行盛大的庆典。两年后一条小径将保护地与东城和下城连接起来，这条小径于 2007 年 7 月开放使用。

## 河滨花园

作为城市村庄愿景的一小部分，LRC 和圣保罗市府制订了"河滨花园规划"（River Garden），帮助恢复联合车站与开拓河滨。它利用 PPT 演示文稿及分发 PDF 格式报告等形式与拉姆希县、车站选址调研组、各层级政府代表，以及下城社区、布鲁斯·文托自然保护地团体分享这一规划，也在各种会议上展示模型与陈列品，譬如在与拉姆希县委员会、河滨开发公司、都市规划委员会、州府河协会、圣保罗历史论坛等会议。LRC 通过阻止美国邮政局在河滨上的扩张，同时与其他单位合作说服美国邮政局迁移至偏远地区，推动河滨花园这项工作。

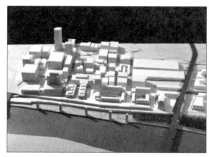 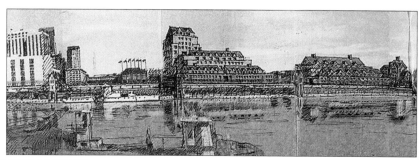

河滨花园规划提出复原车站和将河滨开发为住房、开放空间和文化活动用地。

为帮助加尔捷大楼对外出租，LRC 主导了一项营销工作，即吸引艺术家在假日期间展示和出售他们的作品，此举为加尔捷广场大楼和下城带来许多商户。

# 照料与解决危机

除了持续致力于构建愿景，LRC 也不断照料着下城。在任何时候，对危害下城健康的事件和对新的机会都保持警觉，随时准备一有需要立刻提供帮助，必要时也将目前的投资者、居民、社区的其他成员聚集在一起。

## 协助遭遇困难的项目

一旦投资者出现，甚至一栋再开发的大楼开业时，这些项目涉及的工作并未就此结束。很明显地，持续的合作及支持是需要的。例如在加尔捷广场项目进行过程中，LRC 监控它的复苏，协助招募新开发商，提供所需要的融资。在开发商之间尽其所能营销这些建筑物尚未使用的空间。

有一年冬天，加尔捷广场大楼大部分空间都闲置，LRC 领导了一项营销工作，意在吸引艺术家，让他们在冬季的假日里展示和出售他们的作品。它说服业主给艺术家提供一个取决于销售百分比的平价租金计划。为了鼓励艺术家参与，它赞助了一项艺术竞赛并在中心展览，还向名列国家艺术理事会注册表上的艺术家发出 3000 封信，内容提及竞赛和在加尔捷展览和出售他们作品的活动。这项努力吸引来许多艺术家，足够塞满这栋建筑内的每个空间。

这次展览和艺术品销售，将许多买家带到加尔捷和下城来。对艺术家来说，这是个成功的活动，许多艺术家因而在此多停留了半年。最重要的是协助招募了一位新开发商，而且提供了一项过渡性贷款，让他能够从一家银行接手这个项目。

圣保罗联合车站是靠近河滨的一座漂亮建筑物，LRC 帮助引进陈丽安中餐厅在车站设点，事先 LRC 请业主倾听和了解这位预期租户的需求。这家餐厅迅速成功，而且成长为州内大型企业。后来，当失去一个关键租户、致使整座车站大楼几乎关门时，这家中餐厅的营业帮助保留住大楼，防止这个较大的项目流于失败。陈丽安餐厅等同于下城及联合车站，时间超过 20 年。但由于市场改变，陈丽安决定专注经营外卖，并关闭了全部提供餐桌服务的餐馆。从此之后，新的大楼业主将多数餐厅和办公空间改为共管式公寓。

就联合车站与加尔捷广场而言，两者都偶尔遭遇经济上的困境，重点

在失去一个主要租户后，联合车站几乎关门大吉，陈丽安餐厅协助支撑这栋建筑，防止这个车站的失败与关闭。

下城小区以烛光悼念会和为受害人母亲募款来回应一桩三重谋杀案。

**VIEWPOINT**

## Slaying victim's mother leads co-op toward peace

JON LURIE
GUEST COLUMNIST

My family and I moved to St. Paul from Texas 16 months ago because we thought we had found the ideal environment in which to raise children. We had secured a living space at the Tilsner Artists Cooperative in Lowertown, a community that seemed to exist in an oasis of creativity, companionship and security in the heart of the Twin Cities metropolis.

Living at the Tilsner met most of those early expectations. We developed a large extended family of neighbors, some of whom became artistic mentors and role models for our kids. We felt so safe at the Tilsner that our children played with their many friends throughout the six-story building, often without direct adult supervision.

Lowertown was the rare place where parents felt safe letting children walk home from school, where people said hello to each other as they passed on the sidewalk.

It was for these reasons that one of our newest members, Bobbie Carlson, moved into the Tilsner from Minneapolis' Powderhorn neighborhood three months ago along with her daughter, 21-year-old Amanda Carlson-Bey.

When she got to the Tilsner, Carlson says, she felt safe and at peace.

Last month Bobbie Carlson returned home from work to find Amanda and 2-year-old Jereau Carlson, her grandson, slain.

The illusion that we lived in a safe haven was shattered by a killer who waltzed through our supposedly secure front door, past decoy video cameras, and into Bobbie Carlson's apartment.

As news of the killings spread through the building, neighbors struggled to come to terms with what had happened. How do we tell the children? How did a killer get into the building? What kind of society produces a monster capable of this? But foremost on our minds was the question of helping Bobbie Carlson.

To many of us at the Tilsner, no fate is horrible enough for the killer of these innocent people. Our anger and sadness overwhelm us. But it is Bobbie Carlson who continues to lead us toward peace.

Three days after the killings, Bobbie returned to her apartment. She removed the damaged furniture and burned sage. She remained strong through the memorial service, then hosted a reception for 100 friends.

While Bobbie Carlson's life has been completely disrupted by the loss of her only child and grandchild, her living situation remains stable. She will continue to stay at the Tilsner.

Bobbie, I speak for all of your friends and neighbors at the Tilsner when I say: We are so glad to have you.

*The Bobbie Carlson Memorial Benefit will be held at the Tilsner Artists Cooperative, 300 Broadway, St. Paul, at 6 p.m. today. For more information, call (651) 291-5291.*

下城居民在一家当地报纸上表达对街区安全充满信心（《圣保罗先锋报》，1998 年 11 月 6 日）。

在于强调积极的一面；一个开发商的失败可能是另一位的成功。其他的挑战则变成危机。

## 回应危机

在下城较近的历史上，最具破坏性的事件之一，或许是 1998 年发生在一处艺术家阁楼中的三重谋杀案。一位住在母亲家中的年轻孕妇和她的儿子遭到谋杀，这桩悲剧大大震惊了社区，并破坏了大众对下城的印象，不再将它视为一个安全的城市村庄。

LRC 立即将社区居民聚在一起，整个街区坚强地支持遭受打击的一家人。社区在米尔斯公园举办了一场烛光守夜活动，纪念遇害的家庭与其他遭到虐待的受害者。LRC 共同赞助一场艺术拍卖，为受害者的母亲募款，同时敦促艺术家社区大声宣称对下城的安全有信心，并指出这件谋杀案是意外的悲剧。整个过程帮助社区面对这件不幸，并给受害者的母亲提供支持。不久凶手被逮捕，案件告破，这有助于消解社区的焦虑。说服圣保罗警察局在加尔捷大楼人行天桥侧设立派出所，帮助给予社区安全感。

## 处理棒球场提案

虽然没那么悲惨，但也对下城城市村庄造成威胁的是明尼苏达双子棒球场的提案，它距离住宅区只有 60 英尺。当球场支持者安排人们到若干城市球场用地做团体实地考察为球场宣传时，他们也邀请了几位艺术家参加考察，艺术家们回来后对新闻界表示他们对此提案持保留态度，但部分居民和企业仍然支持它，而因为政治领袖倡导建这个球场，LRC 无法公开反对。私下，LRC 建议领袖们在决定将球场建于下城之前，好好审查备选场所的利弊。LRC 举行会议，让市府职员、下城居民、艺术家、企业表达他们各自的看法。最后，因无法赢得明尼苏达有投票权的市民的支持，球场计划终被撤销。

# 营销结果：多数取得成功，少许失败

如同已明确指出的，下城的成功远超过当初在 1970 年代所设想或期待的。投资、工作、税基都大量增加，增加了超过 7.5 亿美元的投资和

LRC 支持市中心社区提出的开设社区接驳车，但由于种种原因，两次尝试均告失败。

12000 个工作岗位，以及扩大税基超过六倍。下城真正转型了。

下城得益于重要的住房供给开发，而且住房涵盖了从单人间（SRO）到可以观赏河流风光的豪华共管式公寓，甚至到与众不同的艺术家阁楼。最近圣保罗非常多的住房建设都发生在下城，而且这个社区对于居民的多样性感到自豪。下城艺术社区欣欣向荣，如独木舟修理铺这类小型企业也能在大公司旁边发展。实际上，下城实现了重建，却没有沦于高档化。

这项成功，大部分也许可以归结为某些营销工具——尤其是 LRC 的建筑模型、渲染图、小册子、《下城公告》、专门主题的报告书、下城网站、视频等。一对一会谈是至关重要的。与其他人分享荣誉，对于 LRC 能不断与他人维持合作关系方面，做出了贡献。

尽管在许多区域取得成功，LRC 也经历过失败。它尝试说服市政领导人限制加尔捷广场的规模，但失败了，而且两度失败。第三个业主处理延迟的维修工作，并协助它的复原，然后卖给另外一人。新的业主做得很不错，将 90% 的空间出租给多种不同的企业，包括会计师事务所、律师事务所、一所学校、高科技和营销咨询公司、餐厅。

LRC 两度支持市商界提出的开设市中心社区接驳车，两次都告失败，失败的原因包括市商界缺少经验以及不良的规划、服务、管理。目前正在建造的轻轨捷运铁路将提供所需的区间服务，连接市中心不同地区和明尼苏达州议会大厦。

一项意图将联合车站再开发为圣保罗室内乐团（SPCO）音乐厅的计划，也未成功。虽然当时乐团指挥颇为赞赏这个计划，却被一笔 1000 万美元的私人捐款建造欧德威演艺中心而打破。1985 年中心建成，音乐会从此在此举行。如今联合车站将恢复成多式联运终点站，早期的失败似乎是个祝福。

两度尝试在市中心的另一区招募部分加斯瑞剧院，但没有结果。在 1980 年代，加斯瑞的艺术指导利维乌·丘莱伊（Liviu Ciulei）非常热心于最初的规划，希望在第一信托中心建造一座小型实验剧场，但是他的离职毁了这项规划。后来的一项在下城建设加斯瑞实验剧场及布景商店的计划，在其董事长的支持下，有了初步的进展。然而剧场的管理层反对，并倾向于在现驻地附近进行扩建，以免阻碍明尼阿波利斯和圣保罗之间的运营，这些事件导致加斯瑞扩建于明尼阿波利斯河滨。

当明尼苏达公共电台表示有意扩建时，LRC 一度试着介绍几块靠近 KTCA 并沿河的地块给电台代表。经过一番搜导，了解到公共电台决定在它现在的工作室附近进行扩建，因为在那里已经做了相当的投资。不过，它的董事长比尔·克林（Bill Kling）仍称赞下城的创意氛围。

由于附近有几所医院，明尼苏达大学离下城也不远，LRC 开始争取将医疗企业招募到这个社区。这项工作，包括制作和印刷小册子、与医疗研究人员举行会议、参加"医疗小径"（Medical Alley）团体会议、与地区医院管理人员协商，却因为没有带来期望的结果而终止。今天，随着下城城市村庄的兴起，生物医药公司，例如 BioMedix 也选择落脚此地。

LRC 探索每个可能的机会，当行不通时便停止投资，转而寻求其他。当明尼苏达科学博物馆在河滨寻找一块地时，LRC 联合规划及经济发展暨公共事务部门（Planning and Economic Development and Public Works Departments）合作制作了它的第一个"河滨花园规划"。LRC 将这个方案展示给博物馆代表，表示这个设施可能在联合车站旁边，并经由人行天桥连接下城和市中心。但博物馆董事最后选择了市中心西侧的地方。

尽管如此，今天，由于拉姆希县已征收了美国邮政局在河滨的土地，加上市府的领导与支持，联合车站的开发正在快速进行中，密西西比河河滨的开发潜力远胜过往。

## 政府与社会资本合作的现实状况：竞争 vs. 合作

在政府与社会资本的合作关系中，各自管理的界限与责任并非很清晰。竞争或合作都有发生。LRC 虽然是个小公司，却有广泛的目标，从不单打独斗，总是有兴趣且致力于合作。然而与某些伙伴进行的合作，竞争却比合作还来得多。LRC 明白这种实际状况，仍将信心放在合作上。多年来为了社区的最佳长期利益，它尽可能与更多机构合作。许多机构也有同感。

每任新的市府管理层都有它自己的施政策略，这是对下城和 LRC 的一种挑战，考验是否能找到一个发展点，既符合全市发展重心，又能够达成一个共同的合作事项。身为非政治、非营利的机构，LRC 和每个行政机关来往——有些比较成功，有些则否。然而作为一个独立机构，为了社区的长期利益，它总是能够与开明的市、县、国会领袖合作。尽管如此，美国邮政局的迁移和联合车站的复建事项，证明了 LRC 从来不容许一个短视的领导人阻挠下城的发展。

对任何新的政治领导人而言，把一个都市之中各式各样的组织和社区团结在一起为共同的应办事项采取行动，绝对是一项大挑战。唯有当事情完成，所有社区的个体们才能共享它的愿景、分享它的资源、为公共目标而努力。乔治·拉蒂默市长正是这么一位有能力又肯奉献的人，而且在他的任期内，圣保罗取得了非常大的发展。

## 在营销下城时取得的经验

通过一个非营利组织，使得美国一个主要都市的重要地区得以重建，可以想象市场营销的复杂与挑战。开发商为开发计划的融资通常包括市场营销，非营利组织缺少营销预算和面对诸多限制，无法将它们的信息传达给范围最广、最有可能的听众。

对一个非营利组织来说，当缺少可用于市场营销的资金时，立刻排除了一贯使用的在大众传媒上登广告或付费信息来进行宣传的可能性。事实上，能够经常充分利用地方大众传媒的唯一方法，就是培养个人与编辑、记者的关系。LRC 运用这个方法，鼓励他们写出有关下城的愿景、规划、进展的报道。一种和社区领袖的合作关系，以及经过多年所发展出来的双重信赖，也是很重要的。若没有社区对 LRC 的信任，每一项新的项目都可能是个严重的挑战。尽管如此，发展个人关系的过程却相当耗费时间，有时也令人感到沮丧。有时候全州和全国的问题和消息远比本地的消息引人注意。

面对寻找方法来弥补缺少营销预算的困难，LRC 学习变得敏锐又善于创造，而且还尝试各种方法——绝大多数免费或几乎免费。它学会善用那些有效的，扬弃那些没用的。由于都市问题几乎都具有争议，并因此进展缓慢或者发展受阻。对 LRC 的营销工作而言，重要的是推动事情，而不是制造争议。

一个最好、最有效又不贵的营销利器，反而是下城的新居民、店主和工作人员。在街区的发展上，他们对于新兴城市村庄传染性的热情，是个重要因素。LRC 在它的时事通讯和出版物中，以及在汇报工作进展的视频中、在与市府官员的论坛中、在和预期的开发商的会议中，广泛地运用他们正面的声明和评论。LRC 打定主意，在和预期的投资者或开发团体进行面对面的会谈时，将本地居民和业主对下城的未来所做的正面评论，加入其中。

下城社区成员对于这一区域愿景，以及实现此愿景的成长之道的热情支持，也是可以展现给朋友和合伙人的口碑支持，作用显著。现在通常称为"传染式营销"（viral marketing）——在一个不断扩大的区域内，信息在人与人之间快速传播的过程——它给大众对下城的认知带来巨大影响，下城成为一个可取又具魅力的地方，可供居住、工作、娱乐。即便 LRC 有大量的营销预算，也不可能以任何价钱买得到像这样的大众支持。作为始终参与社区发展每一部分的结果，LRC 必须有机地成长，始终如一地分享有关正在做什么和如何做的信息。

从 LRC 营销这个地区的整体经验——从空荡荡的仓库和停车场到新城市村庄——之中汲取以下十条经验：

1. **设想愿景与坚持推进在长期和充满挑战性的都市重建过程中是很重要的**。设想一个光明的未来、设定行动的应办理事项、进行定期的市场调查、有规则地审查进度，帮助将投资者吸引至具有潜力的下城市场。

2. **有效地运用媒体，包括纸媒、时事通讯、公告、视频、建筑模型，并支持个人的沟通工作**。出版物和网站帮助 LRC 接触更多的对象。传达复杂想象的模型和彩色渲染图，似乎能创造出最大的影响力。举办新闻发布会、发布新闻稿，以及发展与新闻媒体、编辑人员、社区成员的信任关系至关重要。读者接触报章和纸媒的减少，使得网络沟通比以往更重要。如何结合纸媒与电子媒体，变成新的挑战。

3. **面对面会谈和为预期投资者安排的参观考察，让他们觉得舒服，这是吸引他们来到重建地区的关键因素**。通过这样的会谈，投资者发现 LRC 可以信赖、专业技术丰富、消息灵通，而且帮得上忙。

4. **认定为历史地区所产生的历史建筑改造项目税收抵免，是一个有利的投资动机**。LRC 帮助达成下城的历史街区认定未产生任何争议，并宣传了其减税利益。此事有助于吸引来自费城、波士顿、芝加哥、明尼

*我喜欢下城有许多原因。我喜欢住在有形形色色的人的地方——艺术家社区、企业人士、小店铺、一些餐厅，以及漂亮的建筑物。*

*——英格丽德·尼尔*

*（Ingrid Neel）*

*居民*

*在此专心创作是很容易的，因为河流就在这里，而且到处有公园。你身处城市，但你不被城市压抑……你得到最佳的城市环境，却不受它控制。*

*——特里萨·考克斯*

*（Teresa Cox）*

*艺术家*

*当我在此散步，有种非常温暖的感觉，而且你可以看见四周充满潜力。我看出将公司设置在这里、投资一栋小建筑的机会，同时我看出我们可以随着这个地区成长。*

*——杰夫·希贾德*

*（Jeff Heegaard）*

*商人*

阿波利斯的投资者。他们的投资帮助这个区域转型，并展示出它的历史魅力，进而吸引更多的投资。

5. **填补融资缺口的能力是成功的关键，一旦为人所知，将成为营销利器**。机构虽小却能做出迅速的决定，也是很重要的。除了提供融资缺口贷款和担保，LRC 协助圣保罗市及开发商搜寻各种可能的公私资金来源。在从住宅到办公室的各种项目中，帮助开发商和市府赶上紧张的融资期限，甚至曾在短短 6 天时间里为一处老年住宅项目提供了一项贷款。

6. **审查项目设计与提出改进建议的能力，可以使成本降低、改善投资回报，而且增加市场号召力，这在与开发商的关系上是很重要的**。LRC 所做的超过银行和公共机构所愿意做的。一家开发商与 LRC 的设计顾问彼此合作愉快，于是又一起完成了其他 5 个项目（见第二章）。

7. **在市府管理层、开发商、社区之间搭建桥梁，对市场营销项目很重要**。结合市府的领导帮助某些开发商获得快速通路。经常参与各种委员会和项目组的工作，也是有帮助的。LRC 对已经审查过的项目表示支持，而为自己累积信用，所以当它表示保留时，它的信用有助于大家一起再寻求更好的解决方法。

8. **注重提供康乐设施，像公园、游乐场所、餐厅、咖啡馆、运动场所，以吸引新居民、游客、企业到开发中的地区来，是很重要的**。这样的工作既耗时间又费金钱，不过对于吸引个人投资者是有效的。对于下城的康乐设施，许多居民和企业都做了有利的评论。

9. **很早便关注艺术家（或其他类型的居住者）的需要，同时通过为他们建造住房而遏止驱赶和争议，此举也有助于市场营销工作**。艺术家和艺术组织吸引其他创意者前来下城。邀请圣保罗市府工作人员参观位于其他都市的艺术家住房，开启了对艺术家住房供给的合作。同时提供启动资金推动这项工作。由此可见坚持可以带来不同的结果。

10. **为非营利实体启动广泛市场营销，有助于将重要设施和服务带到这个地区来**。正因为这样的努力，KTCA（现 TPT）、杰尔姆基金会、明尼苏达州艺术委员会、圣保罗公共艺术组织、艺术跳板，以及其他的艺术组织，变成下城的核心部分之一，也有助于在营利区域的营销工作。的确，它们相辅相成。

# 第四章　填补融资缺口与都市重建

投资的风险与纪律

对任何开发项目而言，融资都是关键。填补融资缺口可以协助开发工作变得可行，对任何经济不景气的地方来说，它尤为重要。没有它，几乎不可能吸引新的投资。

下城，是詹姆斯·希尔（James J. Hill）建立他的铁路帝国之地，也是个铁路时代的新兴都市。随着汽车的来临，这个地区陷入长期衰退，一度变成圣保罗市中心最不景气的地段。1968 年到 1978 年，在下城重建公司（LRC）初登舞台之前，仅有 2200 万美元投资在这 180 英亩的地方——1600 万美元用在吉列工厂，600 万美元花在其余的街区上。此外，1970 年代末期，许多中心城区里的制造业呈现出持续的衰退。

经赋予重建下城的任务，LRC 认识到其中一项主要工作是填补融资缺口。要如何完成这个责任——吸引投资、填补缺口、设定标准、审查申请、维护财务规则、辅助市府工作、抗拒政治压力、发挥投资杠杆作用？还有什么是这项工作所累积的影响？

## 创建 LRC

圣保罗市在新选出的市长乔治·拉蒂默的领导下，为创造一种政府与社会资本合作模式以重建下城，而向麦肯奈特基金会寻求援助。该市申请了 1000 万美元的资助，并保证产生 1 亿美元的投资、增加住房供给，以及创造就业机会，这是一个雄心勃勃的目标。

麦肯奈特基金会支持增加住房供给及创造就业机会，为响应该市的要求，拨出 "项目相关投资"（Program-related Investments, PRI）1000 万美元，

在铁路时代之后，下城陷入衰退中。直到 1970 年代末期，在圣保罗市区中它是最为消沉的区段。

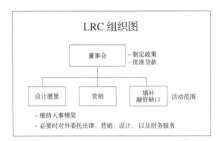

LRC 专注在设计愿景、营销、以及填补融资缺口工作上，以履行下城复兴的任务。

同时要求设立一家独立公司，在这项重建工作中扮演催化剂。

LRC 的基本任务是推动下城重建。为了产生再投资，它必须辨识新开发潜力，让公众对这个地区产生新信心，减少投资风险，为投资者创造合理的回报。唯有如此，投资者才有兴趣与信心，投资下城。

由于下城数十年来饱受投资缩减之苦，投资者对它当然不具信心。如何克服这种投资缩减的压倒性气氛是个主要挑战。麦肯奈特基金会提出要求，LRC 的资源不能取代公共或私人融资，而是在公私融资后"最后的融资手段"，LRC 也经常将这个前提放在心中。

## 从负投资到新投资

LRC 早期的工作大多注重如何增加投资者的兴趣和对下城市场的信心。当 LRC 填补融资缺口时，它绝不愿制造出不公平的竞争，因为那会打击其他感兴趣的投资者，反而弄巧成拙。

在麦肯奈特基金会宣称将拨付大量"项目相关投资"（PRI）基金给 LRC 后，有几个开发商企图在下城从事投机活动。LRC 只支持那些有心将项目做到底的人，所以必须设法分辨出投机者和有诚意的投资者。

LRC 制定融资指南、执行融资审查程序，并协商与提供各项贷款及担保，不过有些则由麦肯奈特基金会直接融资，当然也直接偿还给麦肯奈特。不但克服了负投资的挑战，还产生了 7.5 亿美元的新投资，达到原始目标的 7.5 倍，并对资源发挥了大幅度的财务杠杆作用。

在经济发展上，LRC 仅掌握有限的资源。它明了填补融资缺口的需要，但也注意到如果未按照严格的规则使用资源，很容易会造成浪费。有时候，当开发商寻求过度"宽容"的融资而向 LRC 加上不少政治压力时，LRC 会起而反抗。在其他的时候，当接到不合理或构想欠佳的提案，或者超过其能力所及的申请时，LRC 皆会毫不犹豫地减少或拒绝融资。

麦肯奈特基金会承诺在 1970 年代提供 1000 万美元的 PRI 基金给下城，此事给予投资者新的信心。PRI 基金不同于直接补助基金，提供给任何项目的 PRI 基金都是一项贷款而非补助。项目必须有经济效益，贷款才可能被偿还。同时必须满足明确界定的社会福利目标，方能符合美国国家税务局的规定，基金会才会提供这样的基金。

麦肯奈特基金会给予 LRC 的 PRI 基金，是它本身的第一次，为了谨慎起见，基金会针对两项下城的早期项目——公园广场中庭大楼和加尔捷广场申请两项美国国家税务局的认定。LRC 和麦肯奈特的法律顾问密切合作，在基金提供之前，为这两个项目取得了合法的税务认定。

LRC 也访问过福特基金会，学习它们在 PRI 方面的经验。福特选择不要求美国国家税务局的认定，但会谨慎地提供 PRI 基金。1970 年代末期，作为先锋的福特基金会，提供给世界各地高达 5000 万美元的项目经费。从此以后，许多小的和较大的美国基金会也紧随其后，其他的基金会也考虑跟进。

### 最初的挑战

LRC 早期的挑战之一是让投机者知难而退。麦肯奈特基金会重要的 PRI 基金，固然制造出某些正面的效应，但也招来不受欢迎的投机者。当然，某些开发商思考如何将这 1000 万美元的一部分落入他们的口袋里。有些投机者买下房地产，并且为了他们的项目向 LRC 申请几乎全部的融资，而不是投入他们自己的资金。

LRC 与他们见面，审查他们的提案，很自然地就能发现他们的基本目的。在这些情况下，LRC 鼓励开发，但拒绝参与，除非开发商自行提前投资。几年之后，投机客离开了，LRC 和更多真诚的投资者合作进行了许多项目。这样的融资纪律阻止了投机，否则投机可能过度哄抬房地产，导致认真的开发更为困难。

下城获认定为历史地区，使得再开发项目可以符合历史建筑改造项目税收抵免，这项工作是 LRC 另一个早期倡议。尽管早期有些房地产业主担忧历史地区认定会带来冗长的审查与开发的拖延，而且也反对认定单一地标，如圣保罗联合车站的认定，然而 LRC 悄悄进行，和市、县、州政府官员商量，实现了认定工作。还聘请了一位保护专家帮助调查，并向国家历史地区名录机构申请整个地区的认定。

LRC 说服市府、州政府为更新项目的联合审查制定程序，不但可以节省时间，还能引进专家协助解决设计问题。这显然激励了许多投资者，包括费城开发商"历史地标公司"（Historic Landmarks for Living, Inc.），它买下一座大楼，接着另外一栋，然后再一栋，最后在下城投资了 6500 万美

更新之前，公园广场中庭大楼闲置了一半。

元，完全不需要市府或 LRC 的任何财务协助，因为已获得了大幅的税收抵免。

## 启动第一个项目

启动第一个项目时出现许多困难。市府选择第 40 街区的加尔捷广场作为起点。LRC 建议先启动一个中型、多用途的开发项目以控制风险，再将开发扩大到一个较大的区域。然而开发商却期待一个更大的项目，市府领导人也认为，既然如此热门，就应该把握住机会。

LRC 接受市府的决定，但也明白要让这么大的项目启动，将花费许多时间。因此建议采取某些平行的项目，同时和市府开始一个较小的项目——公园广场中庭大楼（Park Square Court）。LRC 招募到一个开发商在 1981 年即动工。这个项目减少了一些对 LRC 的压力，不必快速地推进其他发展，也为较大的项目提供了斡旋的空间，至于加尔捷广场直到 1985 年才完成。

不幸的是，在工作开始两年后，第一个预期的开发商和市府人员发生冲突，使加尔捷广场失去了开发商。为了避免失去开发势头，LRC 承担起临时开发商的角色，继续和市府进行这个项目——进行市场分析、初步设计、财务分析。LRC 也开始寻找新的开发商。

一位开发商提出一项零售与住房混合的普通计划，附带巨大的地上车库，因而在市中心与下城之间形成一个屏障。经过更多的努力，终于招募到一个曾在明尼阿波利斯做过类似复合用途项目的开发商。当开发商请求协助为此大项目寻找财务合作伙伴时，身为退休银行家的 LRC 董事长菲

更新之后，公园广场中庭大楼提供办公室、餐厅、剧场空间。

加尔捷广场建成后的第 40 街区。

尔·内森( Phil Nason )快速地找到合适的人选，很快便开始进行这个项目。

启动诸多下城项目，意味着需要市场调查、方案设计、财务可行性研究，工程浩大且耗资甚巨。LRC 进行全国搜寻，招募国内最好的设计师、市场调查员、财务专家。像加尔捷广场这样的项目，LRC 必须提前三年多，投入达 50 万美元。当项目有所进展时，希望能回收部分投资。最终的确成功地启动这个项目，并要求开发商偿还 25 万美元，不过是将这笔钱算作贷款。

由于这个区域的市场增强，填补融资缺口的需要随之减少。然而为了跟上市场需求并招募投资者，LRC 同时利用市府与自己的市场调查。为了激起投资者的兴趣和确定可行性，LRC 偶尔也提供初步设计。

### 融资缺口审查

在 LRC 填补融资缺口的事项中，董事会扮演关键性的角色。董事会设定整体政策，并审查 LRC 年度工作计划和预算，制定融资规则，最后审查并辨明开发商的融资需要。职员们进行审查、提出建议，以及在法律、财务、设计顾问的建议下，执行政策和财务决定。

董事会也审查并制定投资政策。董事长执行政策，并找出一位适当的代理人来管理投资。LRC 也聘请顾问对投资成果进行定期审查，同时审查这些代理人是否遵守已定的政策，并产生令人满意的投资回报。

在审查融资申请时，LRC 不但要保证每个项目都满足市场的需求，在经济上可行，也要确定开发商有良好的记录可供追踪，且会投入他们自己的资金。LRC 坚持审查已获得的公、私基金，以确定它的参与是最后手段的融资；它检查每个项目是否都满足社会需要，重点在于是否提供平价的住房与适当的社区服务。同时它也要确定每个项目的设计与历史地区和城市村庄的规划兼容。

### 制定规则

LRC 首先寻找在开发方面有良好记录的开发商，然后制定适当的融资规则，接着审查所有与规则抵触的请求，包括以下三点：

· 贷款的最长时间，最多十年。

LRC 董事会制定政策与批准所有贷款和担保。

为融资制定规则，帮助投资者了解 LRC 的融资条件及审查过程。

- 若有充分理由，贷款利率可以低于最优惠利率。
- LRC 基金的最小举债杠杆比率（leverage ratio）是 1 ∶ 10。

LRC 也为每个项目的融资缺口设定融资额度。在早期，经历数十年投资缩减的下城吸引任何投资都很困难。当年贷款高达 225 万美元，风险也高。随着这个区域的发展势头增强，填补融资缺口的需要也减少，风险也相应降低，当 LRC 基金储备金下降时，董事会限制每个项目的融资额度约 20 万美元。LRC 检查设计，并审查市场和财务可行性，以找寻经济效益高的设计，增加财务成功的几率。

**可行性研究**

启动一个项目费时又花钱。为了刺激开发商的兴趣，如前所述，LRC 在开始任何项目之前，先进行可行性研究及市场调查，作出初步设计，做财务分析。一个大型多用途的项目需要关键性的和大量的前期费用，LRC 愿意提供，但希望开发商在动工之后能尽速偿还。

**提供启动资金以刺激兴趣**

作为最后手段的融资者，LRC 通常尽量避免预先提供资金。然而为了刺激几个关键项目，它也看出启动资金的必要性。譬如：

LRC 为 KTCA 和基督教青年会担保募款之后，他们的项目迅速开展。

- 为了一项艺术家住房项目，LRC 很早就宣布愿意事先提供 25 万美元贷款。此举帮助在非营利开发商和艺术家联盟之间产生出与市府和 LRC 合作的兴趣。
- 为促使非营利开发商修复一栋从拆毁中救回的大楼，并将之改造成平价住房，LRC 提供融资，协助取得和复原该房产。开发商在得到固定融资后，很快便将贷款偿还 LRC。
- 对于基督教青年会项目，LRC 承诺如果基督教青年会募款失败，愿提供 200 万美元的担保。后来募款有所进展，担保金额减至 65 万美元。最后青年会募款成功，LRC 亦终止融资。
- 在 KTCA 电视台项目中，LRC 提供了 75 万美元担保，帮助市府胜过对手而取得新的广播室设施。结果电视台募得 2000 万美元，不再需

向LRC申请资金的项目如下：

| 项目 | 初步申请 | 最终提供 |
| --- | --- | --- |
| 下城阁楼 | $540,000 | $210,000 贷款和担保 |
| 提尔斯诺艺术家合作公寓 | $400,000 | $200,000 贷款 |
| 市场之家共管式公寓 | $800,000 | $300,000 贷款 |
| J.J. 希尔共管式公寓 | $1,000,000 补贴 | $265,000 贷款 |
| 农民市场 | $1,000,000 补贴 | $236.000 担保 |
| 对基督教青年会的担保 | $2,000,000 | $750,000 贷款 |

### 确保抵押和担保

在核准贷款时，LRC 总是先确认安全性，难免也会遇到阻力。在响应某项市府的申请中，它给公园广场中庭项目提供了一个五年 120 万美元的担保，并要求只针对大楼的第二个抵押。圣保罗港务局拒绝了这个担保，并越过 LRC，直接向麦肯奈特基金会抱怨。基金会支持 LRC 的立场，且要求港务局直接与 LRC 交涉。最后，开发商提出一项指定债务的个人担保给 LRC。既然麦肯奈特提供贷款担保，LRC 将开发商的担保指定给基金会。几年后，这个开发商对此项目进行再融资，这个担保便取消了。

LRC 长年支持圣保罗农民市场，譬如 LRC 帮助市场取得目前的场地，也为新市场提供所需的资金。有段时间，农民违背下城社区的希望，主张迁移到河对岸，因此 LRC 在一段时间内撤回了它的支持（这个搬迁对下城没有好处）。在农民明了既没人支持，也没有资金给对岸的市场后，他们同意更新原有在下城的市场。不久后，LRC 又恢复了支持。

而后，虽然农民已确定除麦肯奈特以外的基金会也会提供资金给他们，他们仍向 LRC 申请一项 25 万美元的担保，原因是 LRC 曾经有过承诺，但尚未拨款。LRC 对此申请作出了正面又迅速的响应，使得农民在 2004 年推动项目进行。这项更新如期完成，市场运营状况良好。如同第二章所述，圣保罗市支持建设一座四季营业的室内市场，位于目前地点的旁边，以弥补当前市场的不足。

### 启动项目

通过了解需要和市场潜力，圣保罗市、开发商、非营利组织，以及

LRC 与市府合作说服 TPT（前 KTCA）建造新的电视台，如此也可吸引网络服务和内容提供商到下城来。

LRC 都可以在下城启动项目。项目可能是市场导向的，像住房供给或商业开发；或者是非营利的公共设施，比如 KTCA 公共电视台、米尔斯公园、儿童游乐场、艺术家住房项目，或者布鲁斯·文托自然保护地。LRC 鼓励这两种类型的项目。以下有两个例子。

### 招募公共电视台

由于 LRC 的总裁在 KTCA 董事会任职，所以 LRC 从内部了解到该台需要一个新电视台，而且原有的场所因地质欠佳，无法承载新设施。于是 LRC 提议和该台董事长理查德·摩尔（Richard O. Moore）讨论。起初市府对于该台似乎缺乏兴趣，因为 KTCA 已经落脚在圣保罗；然而当 KTCA 回应明尼阿波利斯，表示有兴趣将电视台迁移过河时，圣保罗保住 KTCA 的意图变得明显了。

市长乔治·拉蒂默组织了一个团队，市府和 LRC 一起寻找合适的地点。经过多次商议，选择下城某地作为对抗迁移至明尼阿波利斯的最佳筹码。按照这个决定，LRC 帮助市府宣传这个地点，并承诺高达 75 万美元的重大担保，以防 KTCA 的资金筹集短缺。LRC 的行动帮助圣保罗赢得竞争。

### 首倡艺术家住房

LRC 在早期宣称愿意填补 25 万美元的融资缺口，给下城第一个艺术家住房项目，并安排圣保罗的规划副主任前往双子城、波士顿、华盛顿特区考察类似项目，以说服她这一项目的必要性。而后市府聘请艺术规划人

LRC 与市府、艺术家和开发商合作，在下城建造住房给 500 多位艺术家居住和工作。

设想一个新城市村庄的愿景，LRC 与设计、营销、融资专家进行持续沟通。

员，就这个项目与艺术家及 LRC 合作。

如同先前提到的，开始的 3 个艺术家住房项目均以失败告终，第四个，亦即下城阁楼，终告成功。虽然没有任何一个早期项目曾到达融资阶段，但 LRC 早期承诺的 25 万美元仍然算数。二六二、提尔斯诺、北方仓库项目继第一个项目成功之后，帮助创造出今天下城活跃的艺术家社区。

## 设想及引导城市村庄开发

重视设计有助于创造地方感，并增加项目的价值。LRC 针对的是建设一个新社区，而不只是促成一些孤立的项目。从一开始，LRC 便为下城设想一个新的城市村庄。

LRC 在早期（1983 年）便倡议将这个区域列入《国家历史地区名录》，此举可使在下城的大多数建筑享受历史建筑改造项目税收抵免的资格，这对本地和国内的开发商、投资者都有重大的激励。前面提到的费城和亚特兰大开发商，正是受惠于此的两个例子。几乎每个下城的开发商都享受这样的税收抵免，只要他们遵守美国内政部的改造标准即可。唯一例外的是公园广场中庭大楼。在这个项目中，业主未遵守改造标准也失去税收抵免完成更新，成功经营房产数年，已不需要 LRC 的担保，但自己却陷入租赁困难，最后失去了这栋大楼。

税法在 1986 年修改，税收抵免最多只能占开发总成本的 20%。其他新的限制也跟进，虽然税收抵免对历史建筑改造仍然是个激励，但已经不像早期那么具有吸引力。20 个州制定了州历史建筑改造项目税收抵免，

LRC 说服一家费城公司买下 3 栋建筑并改造为优雅的公寓。

重新设计和重建将米尔斯公园完全转型。

以补充联邦的规定。在结合联邦的抵免之后，对于历史建筑改造而言，它们便是强有力的激励。明尼苏达历史保护主义者，多次在州立法会议中提出类似的法案，LRC 也不断支持，最后在 2010 年通过。

在认定下城为历史地区之后，LRC 和市、州、开发商合作保护这个地区的历史特色，确保新旧融合、创造地方感，以及增加项目价值。为了简化程序，避免延迟，LRC 倡议一套州、市、LRC 的联合审查程序。它也按照需要，为成功且敏感的更新，引进设计方面的专家。然而后来因为市府在不同管理制度下重组人员，就失去了这套联合审查程序。不过，有需要时，LRC 仍继续提供支持。

## 康乐设施吸引投资

LRC 的市场调查显示出公园、餐厅、运动场所的重要性。LRC 花费了非常多时间招募基督教青年会设施、咖啡馆、餐厅到这一地区，并鼓励更好的设计，以及确保给予公园、儿童游乐场、具有历史风格的照明设施、树木、街景改善等所需要的资金。LRC 也欢迎水中云禅修中心到下城来，以及靠近基督教青年会加尔捷广场的老年人健康中心，还有在公园、圣保罗农民市场、联合车站附近的室外咖啡店。

LRC 引导米尔斯公园和儿童游乐场项目，同时帮助延伸市府的人行天桥到下城。它与东城街区有多年的合作关系，共同创建布鲁斯·文托自然保护地（见第六章）。LRC 支持河滨的华纳路往内陆迁移，在密西西比河河滨建造下河滨公园。这些康乐设施帮助 LRC 和市府产生新的投资，并增加新住房、新办公室、新企业，让这个地方更适合居住。它们一起帮助

下城新建的游乐场（上）吸引了大约1000名小孩来玩。河滨的下河滨公园（中）、人行天桥（下）和其他康乐设施使得下城更宜居。

吸引新居民、新艺术家，同时创造新就业机会。LRC 的"河滨花园规划"筹划了码头、冬季花园，以及在河滨上的散步道。

### 私下的设计对话与公开的证言增加其价值

LRC 花费很多时间与开发商针对他们的设计方案，进行创意性的对话，并向他们建议替代方案，若有需要则提供设计导则，或依请求协助寻找建筑师。它的大部分工作都在幕后通过私下对话和协商而获得各种成果。如果这些工作失败，LRC 也毫不犹豫地通过媒体诉诸公众，以寻求社区支持，并且在圣保罗规划委员会、市议会会议上做公开证言（参见第二章）。

LRC 认为，下城的更新应该保存而非破坏它的建筑遗产。谨慎的更新和新建可以创造地方感、帮助建立社区，以及提高价值。这个地区的历史魅力和邻近密西西比河，吸引了许多居民、艺术家、企业家一起形成一个创意社区，丰富了这个都市的生命力。

## 填补融资缺口案例

就每个项目而言，融资缺口都不一样。大多数项目，在 LRC 同意提供融资协助之前，都经历过相当多的设计、市场，以及财务审查。种种细节并非三言两语可说清——某些贷款协议文件厚达三四十厘米！以下只是 LRC 填补融资缺口的简要介绍，以显示出其多样化、复杂性，以及它在这项工作中的一致性、创造性和纪律性。

一项 120 万美元的贷款担保，促进公园广场中庭大楼的更新。

### 公园广场中庭大楼

公园广场中庭早期曾由诺曼·米尔斯公司进行修复，然而到 1970 年代后期又陷入困境。LRC 寻找一项启动方案以便和加尔捷广场项目并行实施，出于 LRC 的鼓励，一个开发商团队提出开发方案，将这栋大楼更新为餐厅和办公室。

LRC 审查这个设计后建议了几处改进：建造一个新的中庭，将一处楼梯移动到这个中庭，将餐厅保留在街面楼层，在地下室建造一座公园广场剧院。此外向麦肯奈特基金会建议一项依据 PRI 格式、五年 120 万美元

LRC 提供 225 万美元的贷款和设计导则给加尔捷广场——一个大型、多用途建筑，并有中庭与人行天桥相连。

LRC 提出足以匹配市府的贷款并协助获得历史保护委员会批准设计方案，推动开发商建设为老年人提供住房的文化遗产之家项目。

的贷款担保给予公园广场中庭大楼。获得美国国税局许可后，麦肯奈特在 1981 年 9 月提供所申请的担保给这个 600 万美元的项目。为了协助该项目，LRC 将办公室也设在那里。到 1984 年 2 月，这座大楼已有九成出租。三年后，开发商决定为这个项目再重新融资，就没有必要担保了。

## 加尔捷广场

在市府的建议下，加尔捷广场成了 LRC 的第一个开发项目。它也是最大的，而且历时七年才完成。在 1980 年 12 月失去第一个开发商威斯康星州麦迪逊的卡利合伙公司（Carley Associates）之后，LRC 于次年三月招募到开发商罗伯特·波伊斯克莱尔（Robert Boisclair），并应其要求协助介绍一个财务合作伙伴怀门·尼尔森合伙公司（Wyman Nelson Associates）。加尔捷是个大型的多用途项目，有住房、零售、餐厅、办公室、基督教青年会设施、停车场。原始成本为 3200 万美元。为了弥补融资缺口，市政府把联邦政府的都市开发活动拨款（Urban Development Action Grants, UDAG）里的 440 万美元转成市府贷款后，给予这位开发商。LRC 提供一项 225 万美元的贷款，包括 LRC 对这个项目的前期花费计 25 万美元。LRC 董事会在 1982 年 2 月批准了这笔贷款。然而出于开发商的希望和市府的许可，此时项目的规模已经变大许多。当开发商要求额外资助 100 万美元时，LRC 拒绝了这个申请，并催促不可再拖延。

贷款协议书内容包含了设计导则，这赋予了 LRC 权利去审查开发商的设计和建议改进。LRC 明智地利用它，使得设计能够与这一区的其他建筑更好地融合在一起。这块用地在 1982 年清理完毕，1985 年 11 月加尔捷广场大楼建成开幕。

## 文化遗产之家

1982 年 6 月，斯图尔特公司想将一家位于东第 7 街的、从前的家具店更新为老年人住房，从而利用第八条房租补贴。不过，斯图尔特认为，若要在经济上可行，这个项目必须至少拥有 30 个单位。LRC 找明尼苏达历史保护委员会研讨如何使开发商获准在建筑物的一段上面加盖两层楼，另一段则加盖一层楼，从而达到所希望的单位数。这些附加的建筑物，以将立面后移的方式实现，对整个历史立面几无影响。

整个项目的成本为 281 万美元——257 万美元来自明尼苏达州住房融资局（Minnesota Housing Finance Agency）的贷款，12 万美元来自 LRC 的贷款，另 12 万美元来自市府。这些贷款在 2003 年 3 月偿还完毕；在以往 20 年产生 840 万美元的房租补贴。开发商向 LRC 保证该大楼至少在下一个 10 年内仍将作为老年人住房，在这期间还有 970 万美元的房租补贴，可以用在有需要的老年人身上。

LRC 给"市场之家"中的中等收入家庭提供了参股贷款，帮助建成一栋提供给不同收入群体的共管式公寓。

## 市场之家

朗·利利霍姆合伙公司（Len Lilyholm Associates）提出在市场之家上层建 60 个单位的共管式公寓，其中一部分供中低收入者居住。为了协助提供平价住房，LRC 在 1984 年 2 月提出最高可达 30 万美元的参股贷款给这个项目，同时设定最高贷款金额为每单位两万美元。对于这些贷款，LRC 虽然并未收取利息，但是希望当业主出售他们的单位时，能分享部分增值。这些贷款的期限是在出售日或 1993 年 6 月。

这个开发商后来成功地运用历史建筑改造项目税收抵免大量减低融资缺口。最后将本身的参股贷款申请减少到 64700 美元，而这笔款项由 LRC 提供。

## 下城阁楼，一个艺术家合作公寓

LRC 与市府、开发商、艺术家、艺术空间开发公司 (Artspace Projects, Inc.) 合作，虽然历经三次尝试皆失败，但未放弃开发艺术家住房，终于在第四次尝试中与另外的开发商——资产管理与服务公司（Asset Management and Services Corporation），共同将艾斯勒大楼（Eisler Building）最上面的 3 层楼，更新为 30 个单位的艺术家住房，即下城阁楼。

LRC 提供 21 万美元的贷款和担保给下城阁楼出租公寓，而且后来帮助艺术家收购并将它转换为一家合作公寓。

这个项目的总成本为 170 万美元。填补融资缺口的资金包括来自市府的 397000 美元，来自州政府住房融资厅 HRA 的免税抵押（由美国国家银行买下）54 万美元，来自 LRC 的 21 万美元的贷款和担保。

这笔资金预付于 1985 年 3 月，并附带一个 1996 年 8 月的到期日，确保艺术家在十年内有权以预先确定的价格购买这个项目为合作公寓。在市府和 LRC 的额外协助下，他们在 8 年内做到了，此举确保艺术家将永久居住于下城。

LRC 建议提尔斯诺大楼（Tilsner Building）调整设计，由此节省 65 万美元，改进了它的财务预算，并提供 20 万美元贷款弥补它的融资缺口。

## 提尔斯诺大楼

艺术空间开发公司提出计划，有意将空荡荡的提尔斯诺仓库转变为 60 个单位的住房，并提供给艺术家和他们的家庭。LRC 虽然有些担心它的成本和它原始设计中的某些问题，但还是相当喜欢这个构想。

根据开发商的估算，整个项目的成本为 695 万美元。艺术空间最初提出的融资缺口申请金额为 40 万美元。LRC 审查设计并建议作出一些修改，带来 65 万美元的潜在节约。最终，LRC 提供 20 万美元的贷款，以弥补融资缺口，推动此项目。

## 联合车站厅堂

复原联合车站厅堂（Union Depot Headhouse）是 LRC 在开发上的优先项目之一。早期的工作包括和圣保罗室内乐团一起探讨将中央中庭改建为一个新的乐团大厅。当年的指挥皮查斯·楚克尔曼（Pinchas Zukerman）表现出兴趣，但是当沙利·欧戴·欧文（Sally Ordway Irvine）送出大笔捐款，并要求在市中心的另一端建一座新大厅时，联合车站的构想很快便无疾而终。

另一点，在响应明尼苏达交通博物馆对联合车站中央大厅所做的提议上，以及在本地皮攸家族成员（Pew Family）的领导和协助下，LRC 帮助从市府获得 300 万美元的援助，同时博物馆设法获取来自皮攸家族基金会的相应资金。可惜后来这项资金未能实现，市府资金也转至圣保罗的明尼苏达儿童博物馆的建设上。LRC 支持这项改变，并从不放弃探索各种可能性。

明尼苏达交通博物馆草图。当该馆未能给出与 LRC 保证的市府支持相对应的 300 万美元后，市府将这笔资金转给儿童博物馆项目。

在加尔捷广场项目启动之后，开发商对下城显示出更大的兴趣。有一位开发商想复原联合车站厅堂，LRC 很高兴与他合作。全部成本是 650 万美元，其中包含开发商向 LRC 申请的 52 万美元的贷款担保。为了使房产复活，LRC 批准了这项申请。

开发商还要求 LRC 帮助选择建筑师。LRC 建议选择标准和候选名单。结果聘用优秀的建筑师拉弗蒂·托尔夫森·林德克（Rafferty Tollefson Lindeke）事务所。他出色地完成了更新工作。后来，LRC 帮助开发商招募了重要的餐厅，并将该大楼与市中心人行天桥系统相连。几年后当开发商

为市府发行的"道义责任债券"担保 263000 美元，帮助推动大北方阁楼项目。

接到一项总额为 80 万美元的都市开发活动拨款时，他归还了 LRC 的担保。

## 给加尔捷广场的过渡性融资

由于工程进度落后、失去租赁机会、税法的修改，加尔捷广场在竣工后很快陷入危机。开发商将大楼转给他的贷方纽约化学银行。市府寻找新开发商，而蒙特利尔的哉堂公司表示出强烈兴趣。该开发商向 LRC 请求财务援助。审查之后，LRC 提供了 54 万美元的过渡性融资，期限为三年。为了鼓励开发商早日偿还贷款，还附带逐年上升的利率，哉堂公司确实也在到期之前偿还完毕。

## 大北方阁楼债券担保

大北方住房、基石开发公司（Cornerstone Development Corporation）、谢尔曼·鲁齐克合伙公司（Sherman Rutzick Associates）等三家公司共同开发"大北方阁楼项目"（Great Northern Lofts）。计划将长期闲置的希尔办公大楼（J. J. Hill）改建为 54 个单位的共管式公寓，并在邻街兴建新停车大楼。

根据开发商的估计，整个项目的成本将需 2000 万美元。为了弥补融资缺口，开发商要求市府代付建筑物收购费用（763000 美元），并为这一项目提供 300 万美元的道义责任债券（moral obligation bond）。市府转而向 LRC 要求提供一项 263000 美元的债券担保，对此 LRC 给予正面响应。

原本设计的停车大楼影响进入下城阁楼的车辆通道，并遮住内部两间阁楼的窗户，使得人们无法居住。LRC 带领各方人士一起保护通往这个阁

LRC 为联合车站厅堂（左）担保一项 52 万美元的贷款、帮助选择一位建筑师与招募餐厅。给加尔捷广场（中、右）的第二个开发商一项 54 万美元的过渡性贷款，帮助他进行恢复工作。

基金会支持下的 235000 美元担保，帮助确保农民市场的更新。

楼的通道。修改后的停车楼设计不再遮挡阁楼的采光，使得它们可以继续使用。

## 农民市场

使用数年后，圣保罗农民市场的空间显然不够；它需要改造。这项工作所需成本约 220 万美元。

农民市场成功地从私人基金会获得 60 万美元的资助承诺。由于有些基金会的承诺必须等到几年后才能实现，该市场需要一项预付的 235000 美元担保，以便让项目继续。农民市场要求 LRC 做此担保。审查这个项目后，LRC 答应此要求。该市场获得改造，之后基金会的资助到位，因此不再需要 LRC 的担保了。

## 克瑞恩大楼

LRC 阻止了克瑞恩大楼业主计划将大楼拆除改为停车场。之后，成功地招募到非营利组织"明尼阿波利斯中央社区住房信托公司"（今永旺公司，Aeon Corporation），到圣保罗进行一个项目。

LRC 提供 20 万美元的贷款帮助信托公司取得克瑞恩大楼。之后 LRC 和信托公司、州府河协会、街区组织、市府、邻近大楼的居民合作，审查和支持这个项目。这些合作伙伴确保所需的资金，并在 2006 年完成了这个项目。现在它是中低收入居民美好的家，包括艺术家和某些先前无家可归的人。

# 来自麦肯奈特的 PRI 资金总结

填补融资缺口，将克瑞恩大楼更新为平价住房。

在麦肯奈特承诺的 1000 万美元之中，最终提供给 LRC 总计 860 万美元，包括 710 万美元的 PRI 资金用于贷款，以及 150 万美元的拨款，用于管理开销。

一项给予公园广场中庭的 120 万美元担保和一项给加尔捷广场的 200 万美元贷款，是早期一次性资助的例子。两个项目都未把 LRC 资金当做原本承诺的循环贷款来使用。一方面，公园广场中庭在三年内全数归还麦肯奈特基金会的 120 万美元担保。另一方面，加尔捷广场后续的财务困难

Jim Storm and Michael Vitt

Master of Creative Philanthropy

The Story of Russell V. Ewald

麦肯奈特基金会的慷慨，以及它的主席维吉尼亚·宾格尔（Virginia Binger）和董事长罗素·艾沃尔德（Russell Ewald）致力于社会进步，帮助创建 LRC。

造成麦肯奈特和市府的损失。

LRC 从纽约化学银行得到 100 万美元的还款，这是部分融资给加尔捷开发的款项。LRC 通过艰难的交涉，终于使银行同意放弃部分资金，从而提前从这个项目中脱身，最终将 33 万美元还给麦肯奈特，66 万美元还给市府。麦肯奈特借给加尔捷的贷款的净损失为 166 万美元。

从麦肯奈特基金会所提供的 710 万美元的 PRI 资金，减去给予公园广场中庭及加尔捷广场一次性资助的贷款和担保的 320 万美元之后，LRC 只剩下 390 万美元作为循环资金。在之后的 20 年，它运用这 390 万美元核准了 502 万美元的贷款和 210 万美元的担保，共计 712 万美元贷款和担保。

LRC 自始至终一共产生 7.5 亿美元的投资，为原始目标的 7.5 倍。麦肯奈特的 320 万美元一次性贷款和担保，通过 LRC 产生了 14850 万美元。LRC 的 712 万美元的贷款和担保，结合它专注的设计与营销工作，产生了 60150 万美元。全部 1031 万美元的贷款和担保产生了 7.5 亿美元的投资，达成的财务杠杆为 73：1。

虽然加尔捷本身初步失败了，但是这个项目却引发了联合车站厅堂与伯灵顿北方大楼的改造。事实上，后者的改造，在没有市府或 LRC 的融资下便完成了。两者都接着加尔捷之后推出，同时强化了下城的价值。加尔捷广场现在隶属于新的业主，出租了 90% 的空间，多数由超级计算机公司克瑞（Cray, Inc.）承租——在目前的经济情况下，那是个了不起的成就。

## LRC 的贷款和担保总结

在响应来自市府、开发商、非营利机构形形色色的要求中，LRC 同意给予许多项目各种贷款和担保。总计，LRC 借出 7018000 美元，担保 3296000 美元，填补 10314000 美元的融资缺口。

由于在市场、融资和设计上的改变，每个项目的融资缺口都不相同，因此它们接受 LRC 各式各样的支付方式。例如，应市府的要求，LRC 承诺给一项住房供给项目 100 万美元。当市府决定不进行该项目时，这笔资金便未支付。就"市场之家"项目来说，开发商可以获得税收抵免，这能大量减少参股贷款的需要。还有其他的情况——譬如，基督教青年会和 KTCA——"开发商"在募款工作上非常成功，因此他们不再需要 LRC 的

注重文化遗产保护和优秀的设计，有助于节约能源、创造本土风格、增加在下城的投资价值。

融资。

　　LRC 真正支付的金额达到 5132000 美元。在产生 7.5 亿美元的投资和在这一历史地区创造一个新的城市村庄之后，LRC 在运作 26 年后拥有大量资产，还包括三笔应收票据，然而此时它决定结束经营。董事会阐明了 LRC 未来的方向——寻找最好和最负责任的方式将这些资源运用在下城持续的利益上。

| 项目 | 贷款 | 担保 | 支付 |
| --- | --- | --- | --- |
| 加尔捷广场 | $2,000,000 | | $2,000,000 |
| （波克莱尔·纳尔逊合伙公司） | | | |
| 基督教青年会 | 最高 $2,000,000 | | 0 |
| 公园广场中庭 | | $1,187,760 | $1,187,760 |
| 芬奇大楼 | | $300,000 | 0 |
| 拜生大楼 | | $270,000 | 0 |
| 下城住房 | $1,100,000 | | 0 |
| 市场之家 | $300,000 EPL | | $64,700 EPL |
| 文化遗产之家 | $116,253 | | $116,253 |
| 联合车站 | | $520,000 | 0 |
| 下城阁楼 | $177,500 | $33,500 | $210,000 |
| KTCA | | 最高 $750,000 | 0 |
| 加尔捷广场（哉堂控股） | $540,000 | | $540,000 |
| 提尔斯诺艺术家合作公寓 | $200,000 | | $200,000 |
| HomeStyles Publishing | $125,000 | | $125,000 |
| 大北方共管式公寓 | $263,000 | | $263,000 |
| 农民市场 | | $235,000 | $235,000 |
| 克瑞恩平价住房 | $133,600 | | $133,600 |
| | + 现金抵押 $62,500 | | $62,500 |
| 合计 | $7,017,853 | $3,296,260 | $5,132,813 |
| 贷款与担保合计 | $10,314,113 | | |

## 寻求各种资金来源

对一个如下城般复杂的项目来说，LRC 不能只依赖单一的私人资金。它寻求各种公共、私人的资金来源，接受来自市长、州议员，以及该州国会议员的帮助。它寻找并接受来自大小基金会的资金，进行实地考察与组织面对面会议让人们了解下城项目的需要和优势，以及寻找联邦资金支持：

- 都市大众捷运获 90 万美元资助，用于建设公交车站和街景。
- 《地面整体运输效率法案》（ISTEA）给予瑟柏里大道（Sibley Gateway）75 万美元资助。
- 80 万美元的都市开发活动拨款（UDAG）资助给联合车站厅堂。
- 美国国家艺术基金会（NEA）给予公共艺术 75000 美元资助。

LRC 也获得本地的资金，譬如：

- 圣保罗议会改善预算（CIB）资助米尔斯公园 153 万美元。
- 麦肯奈特基金会资助米尔斯公园 10 万美元。
- 圣保罗市政府资助儿童游乐场 34 万美元。
- 美国环境保护署国家环境研究中心科学实用计划（STAR）资助网络村 3 万美元。

布鲁斯·文托自然保护地项目（见第六章）或许是在财务上最复杂的项目之一。凭着最初来自明尼苏达自然资源局（DNR）的 65 万美元资金，十余年来 LRC 和它的合作伙伴获得来自各种公、私来源的其他资金共计 830 万美元，帮助 LRC 和它的合作伙伴收购、回收、改造这片土地，成为在十年内附属于这个都市的最大公园。

以下的清单总结了 LRC 和它的合作伙伴所获得的资金，这些都是与保护地开发有关的各种用途的款项：

- 为了收购、清理、用地稳定，从美国国家公园服务处、美国环境保护署棕地计划、明尼苏达自然资源局都会林荫路计划、圣保罗市政府、私人基金会等机构，共获得 3267000 美元。

- 有关生态复原，从明尼苏达自然资源局都会林荫路计划、保护伙伴（Conservation Partners）、密西西比河基金、私人基金会、明尼苏达环境首倡公司(Minnesota Environmental Initiative)，共获得146000美元。
- 指示牌和说明方面，从密西西比河基金、圣保罗奥杜邦协会(Audubon Society)、私人基金会，共获得21000美元。
- 下飞冷溪小径方面，从TEA-21运输强化计划、圣保罗市政府、明尼苏达自然资源局小径与道路计划、自行车归属联盟（Bikes Belong Coalition）、私人捐献，共获得2443960美元。
- 连接到密西西比河的桥梁方面，从联邦运输基金和一项来自州政府的金额相对应的基金，共得144万美元。
- 为修建通往芒孜公园（Mounds Park）的楼梯，从TEA-21获得100万美元。

*民主立基于这样的信念之上，即普通人有创造不平凡的可能。*

*——休伯特·汉弗莱*

*（Hubert H. Humphrey）*

这个项目合计收入8317960美元，此外，麦肯奈特每年资助8万美元用于项目管理及其他成本之出。

## 维持精简的机构

原本麦肯奈特准备了150万美元的管理资金，计划援助LRC 3~6年。通过控制管理费用及精简人员（将人员从4人减至两人），LRC可以维持26年不需要进一步的管理资金，并将经营延续得远远超过原本的规划。

都市重建需要持久的努力，伟大的创建不可能一夜实现。若非LRC延长经营时间，它可能耗费资源而徒劳无功。由于持续的努力，LRC克服了投资缩减，并吸引新投资，创造出新的城市村庄。LRC通过严格遵守经营与融资管理规则，产生出原始投资目标7.5倍的投资，所以能够保留大量的资产，思考进一步的努力方向，甚至是结束后的方向。

## 进行策略性审查

LRC一次又一次进行策略性审查。在1980年代后期，董事会进行一项社区检讨会，并获得来自社区不同层面的领导者提出的更有价值的建议，协助它为本身的计划设定方向。

1990 年代中期，LRC 对它的工作进展与资金需求进行策略性审查。董事会再次明确方向，并决定在融资方面非但不能向基金会要求更多，反而紧缩其融资的数额限制。

21 世纪初期，麦肯奈特基金会对于 LRC 的工作成果与善用资金留下了深刻印象，并主动提议和 LRC 董事会、新任的市长一起探讨未来市府、麦肯奈特、LRC 可以共同做些什么，以及 LRC 可能需要的资金援助。麦肯奈特和 LRC 做了相应的准备，但是会议因为市府没有响应而流产。因此，LRC 失去了开始下一阶段新工作的资金和机会。

## 创立下城未来基金

2005 年 LRC 聘请怀尔德基金会（Wilder Foundation）的社区顾问团进行策略性调查和检讨。经讨论后得出可选择的策略方向，包括：

· 按目前的规模继续经营
· 用新的资金扩大经营
· 关闭 LRC，因为任务大致完成

压倒性的意见是继续或者扩大经营。因此，LRC 在国会众议员贝蒂·麦科勒姆的支持下，与麦肯奈特基金会接触。会议进行得不错，但基金会的领导层和方向已有改变，不再有类似先前提供资金的机会。

2006 年，经过谨慎的策略审查后，董事会做出结论，认为经过 26 年的经营，LRC 在本质上已完成任务。最好的方法是解散公司，并利用它剩余的为数不少的资产设立一个捐赠者顾问基金，至少在之后十年内继续支持下城发展。由一群市民和艺术家领袖指导的"下城未来基金"（Lowertown Future Fund）支持公园志愿者、假日灯饰、音乐节；艺术展、诗歌朗读会、文托自然保护地解说中心的可行性研究；以及由双子城公共电视台制作、记录下城城市村庄兴起的影片。由于认识到新时期社区领袖的出现，一些基金的顾问通过"大下城总体规划"来支持创造下城新愿景的工作。

LRC 以它留下的资产设立下城未来基金以培植新的城市村庄。

# 取得的经验

在重建下城的 26 年中，有关填补融资缺口与融资更新项目，LRC 主要学到什么？以下列 9 条主要经验：

1. **领导很重要**。市长乔治·拉蒂默领导主动出击，同时麦肯奈特基金会预付性的资助与要求成立一家独立公司，共同创造出一个独立的合作关系工具——LRC。鉴于许多都市更新失败，同时市府不能倚赖联邦的援助，拉蒂默选择政府与社会资本合作模式；基金会舍弃杯水车薪的年度援助，划拨一大笔钱，以吸引公众的注意和有兴趣的投资者。LRC 董事会的董事们开明又稳健的领导，为再投资提供了坚实的基础。这使得 LRC 得以和社区各层面的进步领袖一起为下城工作，即使在某些短视的领袖当政期间。

2. **历史地区认定使历史建筑改造项目具备税收抵免资格，这对投资者是一项强有力的激励**。这项认定鼓励开发商投资下城，而且不需要 LRC 在融资上的帮助，譬如一位来自费城的开发商即投下 6500 万美元在建筑物改造上。为了达成认定，LRC 也和几位政府官员保持沟通，这在之后寻找符合开发商和使用者需要，且具备税收抵免资格与创意的解决方案上，非常有用。信任让市、州、LRC 得以制定出联合审查程序，既节省时间和金钱，还能产生良好的解决方式，例如在巴特维尼克大楼（Butwinick Building）上加盖两层楼，使得该区老年人住房项目在经济上更可行。

3. **在资金使用上严格遵守规则，促成最高的财务杠杆**。LRC 虽然做好填补融资缺口以吸引投资的准备，但它始终遵守融资规则，而且必要时会毫不犹豫地减少或拒绝资金申请，有时需要和开发商进行棘手和持久的交涉。LRC 运用最佳的法律和财务顾问，因此，足以应付开发商和银行提出的挑战，并且在交涉中谋得公众利益。

它的贷款和担保所产生的财务杠杆从 5∶1 到 35∶1 不等，平均是 13∶1，比起普遍认为最佳联邦计划的 UDAG 的 5∶1 毫不逊色。

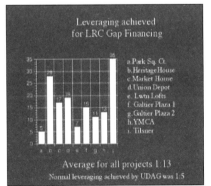

贷款和贷款担保极好地利用了 LRC 的资源，发挥极大的杠杆作用。LRC 每 1 美元的融资吸引 13 美元投资。

我们在政府机构与私人组织之间培养出来的合作关系，对下城的更新是个关键。以务实的作风运用我们有限的资源，帮助我们以最少的、低于行情的利率得到融资，实现最大的公众利益。我们所帮忙吸引来的投资和我们协助创造或保留的就业机会将惠及我们小区的每一单位。

——菲尔·内森
（Phil Nason）
圣保罗第一银行董事长
下城重建公司（LRC）主席
1978~1992 年

至于创造工作机会的平均成本，以"自家型出版"（HomeStyles Publishing）为例，市府、县、LRC 共同提供 30 万美元的融资，创造了 1000 个工作机会，也就是每个 3000 美元。相比在另一套管理制度下的圣保罗市，为一家软件公司而在一栋建筑上花费 1 亿美元，提供 1000 个工作，成本则是每个 10 万美元。

*我们必须坚持自己的想法，明知有风险也要采取行动的勇气。日常生活需要勇气，如果生命想要有意义，并带来快乐。*

*——麦克斯威尔·马尔茨*

*（Maxwell Maltz）*

4. **愿意审慎地冒险，不但可以鼓励开发，还能达成社会目标。** 持续追踪市场和审查财务的可行性，减少 LRC 在支持新机会上的风险，特别是大型项目加尔捷广场和沉寂许久的联合车站厅堂项目。LRC 认识到，社会目标有时候比经济目标来得重要，并需要面对各式各样的风险，例如建造平价住房供给艺术家、老年人、无家可归的人。为了鼓励 KTCA、基督教青年会、农民市场落户圣保罗，LRC 提供预付的担保。

5. **寻找每一个资金来源，拓宽资金基础。** LRC 从公共和私人资源——本地、州、联邦，以及形形色色的本地和国内的基金会——找寻新的资金，同时和市府、开发商、社区一起合作以取得这些资金。它也协助开发商获得私人股份投资。在布鲁斯·文托自然保护地项目中，LRC 和 25 个合作伙伴，包括公共土地信托，自下而上地募得 830 万美元，足够收购土地，剩余的捐给市政府。

6. **行动及时又有灵活性能够帮助投资者成功。** 时间就是金钱，而灵活性让目标以各式各样的方式完成。因圣保罗市和文化遗产之家项目的开发商

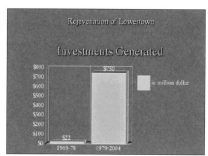  

LRC 发放贷款和提供担保给下城各式各样的项目，帮助吸引投资、创造就业、扩大税基。

来到 LRC 较晚，LRC 立即和麦肯奈特基金会商讨，几天内得到许可，让市府可以赶上第八条租金补贴。在其他项目中，LRC 响应迅速，通常只需几天或几个星期。当符合基本目标时保持灵活性，可以在审查过程中减轻开发商的负担。应市府的邀请，LRC 在研究 L 街区提案的用地和环境之后，对开发只提出四项设计导则。它也做出备选设计方案以改善 KTCA、联合道（United Way）、儿童游乐场的设计。

7. **以财务的可行性研究整合设计审查，改善预计的设计和市场吸引力**。在审查提案时，LRC 毫不犹豫地在设计或分阶段实施方面提出建议，这些也许能改善预计的项目计划或市场吸引力。LRC 评估最佳的设计，并且在项目中寻求地方感，在这一方面，或许和典型的金融机构不同。用这种方法，LRC 在提尔斯诺项目中，只因建议改变设计，便节省了 65 万美元。同样地，它说服数据控制公司不要破坏具有历史意义的立面，而为该公司的下城商务中心节省 46 万美元。LRC 改善使馆套房酒店的设计，使得该公司聘请 LRC 的顾问担任他们这一项目以及其他酒店项目的建筑师。

8. **以财务的可行性整合营销工作，帮助招募投资者**。LRC 利用各种媒体，包括新闻和编辑资源的开发、小册子、视频、广告、网站，最重要的是在街区及项目现场与政治领导人、市府人员，以及其他投资者进行面对面会议，让他们对投资感到安心。

　　LRC 必须找到好的时机，知道何时应该鼓励投资，何时应该趋缓。持续招徕投资者、进行定期的市场调查、追踪市场状态，以及准备好修正规划，都是关键要素。和预期的投资者分享调查结果、组织参观考察，则有助于招募开发商和租户。

　　尽可能与有兴趣的投资者合作，防止市场被少数开发商主导。LRC 也花时间招募餐厅、大小型企业、非营利组织。这些努力吸引了陈丽安和其他公司在联合车站开餐厅，以及非营利组织 KTCA、基督教青年会、杰尔姆基金会、圣保罗公共艺术组织、明尼苏达州华裔协会中国舞蹈剧场进驻下城的其他区域。

*LRC 与其他开发机构的不同之处，在于它不是市政府的一部分，而且它在这里很久，因此有一贯性，也有个方向。它不随每四年的新选行政领导而改变，所以确实有进展。*

*——约翰·马尼洛*
*（John Mannillo）*
*房地产顾问*
*圣保罗历史保护委员会前主席*

9.**持续对社区的长期利益保持警觉：吸引优质投资，使得重建后的地区宜居、富有创意、可持续发展**。保持和社区接触，帮助 LRC 抱着对下城产生正面影响的想法，进行设想、营销、给予项目融资。它也帮助 LRC 挑战不妥的规划，就像扩大邮局运营、与下城居民希望相左的运动场等规划。由于 LRC 的努力，目前将联合车站规划为地区性多式联运终点站的规划，终于实现。

## 资金与下一个城市村庄

　　LRC 以 1050 万美元的资金，采取贷款和担保方式，产生出 7.5 亿美元的对下城的投资。这个机构为这个地方达成一项非常惊人的 75：1 的财务杠杆，并显示出当可靠的融资整合了愿景、具有创意的营销，以及敏感的设计工作时，所产生的力量有多么大。

　　今天下城拥有一个充满希望的未来，尽管仍有些有趣的挑战。鉴于那么多的投资，这已是个重要的社区，不再是闲置仓库和停车场的收容所。未来有许多人仍将继续投资这个地方。房地产次贷问题固然不免有些影响此地，但不像美国其他地方一样严重。随着经济复苏，下城市场将会继续成长，因为它的地点、宜居，以及历史魅力。

　　共享布鲁斯·文托自然保护地愿景的东城与下城街区，将实现它下一阶段的发展。拉姆希县对联合车站的倡议，不仅符合河滨花园的愿景，而且在新资金上，有 5000 万美元来自国会，还有来自拉姆希县资助的 5000 万美元，因此会继续推动下去。经多次交涉之后，拉姆希县从美国邮政局获得联合车站广场和邻接的土地，以及从最近的一位业主处取得车站厅堂的主楼层。美国邮政局除了零售业务以外，营运部门将迁移至伊根。工程正在进行中，以迎接美国国铁、轻轨捷运、公交车运输在 2012 年的回归。沿着中央走廊的轻轨捷运铁路，将在 2014 年连接联合车站与沿着大学大道通往明尼阿波利斯市中心的路线。

　　随着大都会地区交通拥堵加剧和燃油成本增高，交通改善实为必要。距离的优势让下城变得更具吸引力。由于布鲁斯·文托自然保护地成为邻近的城市休闲处，未来的规划还包括新的小径、与河滨连接的路径、解说中心。这些都有助于开拓与延伸开发到河滨，并实现河滨花园的愿景。为

LRC 董事会以其与政府和社会资本两方面的合作关系塑造了新的城市村庄。

了实现这个愿景，下一个城市村庄上的投资很有可能是下城投资的两倍或三倍。

没有什么是理所当然的。鉴于下城的历史魅力和密西西比河之美，社区之中出现新一代的领导人，将设想与指导河滨之地的开发。凭借持续的领导、严守规则的金融实务，以及街区、市政府、县、大都会议会、明尼苏达国会代表团的合作，下一个城市村庄将是有创意又充满活力、多样（包括各种收入人群、年龄层、种族）且公平、可持续发展又绿化的社区。

# 第五章　建设一个创意社区

愿景与持续开拓——艺术区和网络村

旧仓库耸立在圣保罗风景中的转弯处，在这里有密西西比河、凯洛格大道、铁路货场。这些仓库是四方形、矮墩墩、深砖色的建筑物，号称美国 19 世纪商业建筑的最佳收藏品之一。它们一度用于贮存准备送往市场的货物，如今有了新的用途，处处显出恢复活力的迹象。

在旧"北方仓库"的窗台上，窗槛花箱里的矮牵牛花和百日草绽放在夏末的阳光里；人们在咖啡馆内啜着饮料、看报纸、欣赏墙上的艺术品；一片白色窗帘在四楼窗口受微风吹拂而飞舞；在附设儿童游乐区的院子内，受邀的家长们夹杂地谈论着街区的活动，其他居民在附近公园遛狗。

居住和工作在这些仓库里的艺术家，活跃地参与着圣保罗下城街区的日常生活，是该市市中心重建的重要贡献者。他们和他们的家庭显示出一种成长的、可感知的社区感。他们将得自密西西比河的灵感画出来，同时将新的生命给予仓库住宅和这个都市。他们非但不孤单，甚而属于一个较大的社区，其中包括富有创意的居民、企业、员工，他们解决问题、勇于梦想，在下城活出他们的精彩。

## 被驱赶的威胁

在许多都市里，艺术家是都市的定居移民。他们向往开放空间的仓库，因此往往被没落区的低价租金吸引。他们倾向成为都市流浪者，当租金提高和阁楼转型作他用时，便从一个地区转移到另一个地方。他们往往栖身于维修不良、无冷暖气、易失火的建筑中。他们骄傲地固守他们的个人主义，鲜少组成一个联合的政治力量。结果，他们的需要很少受到关注。

经过约四分之一世纪，独立的下城重建公司和艺术家、市府部门、私人基金会共同合作，把艺术家住房建设为大型综合体、艺术组织，以及一个充满活力、具有创意的社区的一部分。LRC 的努力源于这样的信念：艺术对都市及其居民的生活是至关重要的，艺术家应该拥有让他们从事创作活动的平价住房和工作空间。艺术家应该整合进社区生活中，而非从中分离。

1970 年代晚期，在 LRC 的计划实行前，下城的艺术家和许多都市的

针对兴建艺术家住房，LRC 启动了一系列早期的合作。上图为当时住在下城的艺术家。

通过政府与社会资本合作模式，创造安全、具有吸引力、适合散步、富有创意的宜居社区，是下城的愿景，详述于此早期报告中。

艺术家一样，居住和工作在状况恶劣且违反市府消防规范及住房规定的仓库里。当再开发开始时，许多艺术家便面临遭到驱逐的危机。

LRC 唯恐驱赶艺术家将造成社区的损失。市府人员同意并与 LRC、艺术家团体的领导人合作，为此问题寻求解决办法。那是一项冗长又复杂的合作，然而最后获得出色的回报。

以下将讨论这些经验：LRC 采取什么样的方法建设这个创意社区？艺术家和其他创意人士如何适应它？为了建造平价住房给所有人，LRC 做了怎样的倡议？其次，为了艺术家的住房供给，它又遭遇何种挑战？取得哪些经验？

## 作为政府与社会资本合作的工具

通过创造就业机会与恢复社区的税基，以改善 180 英亩下城区域的经济状况，这是 LRC 的任务。它选择不只作被动的融资缺口填补者，也为下城扮演设计中心和营销办公室的角色。作为设计中心，它为这个区域创造新愿景；作为营销办公室，它将愿景展示给可能的投资者；身为融资缺口填补者，当政府和社会资本融资都无着落时，它作为最后提供贷款的人。更重要的是，LRC 是政府与社会资本合作可以运用的工具，更是下城重建的催化剂，与社区愿景的持久倡导者。

LRC 专注于建造社区，而不是关注许多孤立的项目，它创造一个新的城市村庄愿景，从而实现重振下城的基本目标。LRC 希望那是个人们可以生活、工作、娱乐的地方。那里有着多样的收入、年纪、种族的居民，共同形成一个有活力的社区。LRC 希望重建而无高档化，希望下城成为可持续发展的中心，在那里环境受到保护，而节约能源则是基本目标。LRC 希望它变成有吸引力、有历史感、对于新的想法和创新采取开放态度的地方。由于关注社区，所以确立的主要目标便是建立一个让创意能够挥舞的艺术群落或艺术区。

LRC 首先在 1979 年 4 月《下城重建的初步成果》报告，以及 1981 年 8 月《公私合作重建下城的愿景》报告中表明，它的任务是"丰富本市的文化资源、提供平价工作室给艺术家，以及让艺术家和其作品更为人所知和更容易获取"。它也希望"让公共艺术发挥更大作用，创造一个让艺术家

一个宜居创意的社区——供给各种不同住房，以及为不同收入、年龄、生活方式的居民服务的康乐设施。这些目的驱动这个愿景。

苗壮成长的地方，以及一个在市中心街区环境中实现和表达文化／艺术价值的机会"。

当 LRC 开始规划下城的重建时，它对每一个街区提出具体的多用途改造建议。随着社区发展及市场的改变，LRC 调整规划，不过建设一个新城市村庄的基本愿景仍保持不变。LRC 建议，街区的核心是包含住房、企业、店铺、餐馆、艺术、娱乐的综合体。下城的北侧（或者北区）以住房和企业群聚在一个封闭的冬季花园四周为其特色。核心的东侧将是自然保护地；在核心以南，联合车站将复原为多式联运终点站，供轻轨捷运和美国国铁使用。河滨的特色在于有附带花园的住房、一座艺术中心、冬季花园，以及码头。

## 建设一个宜居的社区

关键在于进行市场调查，找出下城人们想要什么样的住房。LRC 询问一些问题，包括所需生活空间的大小、比较喜欢什么娱乐、可能搬来的居民愿意付多少费用。

根据调查结果，LRC 将住房设计和营销计划放在一起，通过小册子、报告、时事通讯、建筑模型及展示、地区导览等方式，将它分享给预期的投资者和开发商、市府、潜在的居民和企业租户。同时，它开始设法提供人们所需的康乐设施——和朋友见面、运动、聚餐的地方。

LRC 也评判具体住房项目的财务可行性，寻找融资缺口——就像给加尔捷广场 600 万美元。加尔捷广场共包括 500 个租赁单位及共管式公寓，其中的 20% 则保留给中低收入者。它也找寻能够吸引投资的特点。在重建的初期阶段，最重要的特点是下城被认定为历史地区。

### 具备历史建筑改造项目税收抵免的资格

下城被认定为历史地区，让此地具备了历史建筑改造项目税收抵免的资格（这是吸引投资的关键点之一），譬如费城的开发商和波士顿的投资者，投入超过 6500 万美元，将三栋建筑改造为住房。此事结合了市府的力量，获得联邦政府第八条租金补贴，并且帮助启动了第一个住房项目——米尔斯公园大楼。这个住房设施的 20% 专用于平价住房，同时也

一个创意都市社区愿景之细节。

下城被认定为历史地区，保护了它的特色，使它获得历史建筑改造项目税收抵免的利益，并同时鼓励投资。

在低层提供办公空间。

历史建筑改造项目税务抵免也促使一位本地开发商改造市场之家共管式公寓。为响应这个开发商的要求，LRC 承诺最多 30 万美元的融资，使得该项目包含中等收入者的住房。

### 获得老年人住房租金补贴

为响应来自市府和斯图尔特公司（Stuart Corporation）的要求，LRC 在 6 天内便填补融资缺口，以免失去由联邦政府担保、给予老年人住宅的第八条租金补贴。LRC 帮助开发商获得明尼苏达历史保护委员会的许可，可以在巴特维尼克家具公司店铺上增建，但必须符合历史建筑的保护标准，同时也因为建造了足够的住房单位而符合经济效益，最后将一栋半空的大楼转型为老年人住房。

## 为多样化的住房开发所做的持续努力

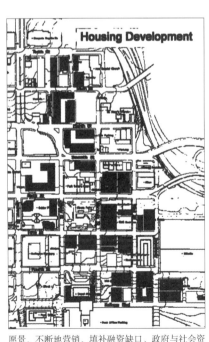

愿景、不断地营销、填补融资缺口、政府与社会资本合作使得下城变为该市成长最快的街区之一，并拥有高比例的平价住房。

LRC 的目的在于避免艺术家遭驱逐和高档化，因此将工作聚焦在平价的艺术家住房上。LRC 公开宣称，它愿意提早提供 25 万美元融资给这样的项目，不过最初的三个项目均告失败，第四次尝试终于成功——建造下城阁楼艺术家合作公寓。正如其后所做的二六二大楼、北方仓库、提尔斯诺，这些都是继第一个成功案例而来的。今天，有 500 位艺术家工作和居住在下城。

LRC 作出一间办公室样板间，以帮助美国丽人通心粉公司（American Beauty Macaroni Company）大楼业主将此建筑改造为办公空间。在这项努力失败后，LRC 鼓励将大楼卖给怀尔德基金会，后者将它开发成单人间住宅。怀尔德也在此提供社会服务，并援助在这个设施中的 70 位中低收入居民。

经由媒体活动和 LRC 在圣保罗市历史保护委员会及市议会作出的证言，LRC 帮助拯救克瑞恩大楼避免遭受业主本身的拆除。又凭着填补融资缺口的承诺，招募到买家和开发商，建造了 70 个具有吸引力的住房，专供中低收入人群居住，包括艺术家和无家可归的人。今天，超过 25% 的下城地区是平价住房，达全市最高标准。

历史地区认定有助于吸引新的投资者到下城区，包括来自费城的开发商，他们投资 6500 万美元，将三栋仓库改造为住房。

富有创意的愿景、持续的营销、填补融资缺口有助于吸引投资者为不同收入及年龄的人群建造住房——在加尔捷广场的高层共管式公寓（左），和改造后的阁楼（中、右）。

市府及私人投资者合作创造一个强有力的住房市场，从米尔斯公园延伸到河滨及北区，使得下城成为圣保罗成长最快的街区之一。

与市府及非营利开发商合作补足资金使得下城拥有各种平价住房类型，从美国丽人大楼的单人房（左）到老年人住房（中）到艺术家合作公寓（右）及其他出租房。

LRC 建议延伸历史地区到北区，加上迷你公园、便利商店、人行天桥、冬季花园（封闭式商业步行街），将它连接到米尔斯公园。

## 更多的改造与新建设

这些住房开发的成功，使得 LRC 能够吸引其他的开发商在下城从事改造和新的住房项目。将施特劳斯针织厂大楼（Strauss Knit Mill building）转型为阁楼便是其中一例。大北方阁楼则是大北方铁路"美国铁路大王"詹姆斯·希尔（James Hill）的前办公室改造后的结果；LRC 填补融资缺口，使得此项目得以实现。邻接大北方阁楼的"阁楼二七〇共管式公寓"（Loft 270 Condos），则是新的大楼，它顺应了圣保罗市对阁楼住宅的强劲市场需求。

## 将办公室转型为住房

圣保罗市中心的办公室市场需求疲软，导致某些办公空间（如下城商务中心）转型为共管式公寓。圣保罗联合车站二层由本身的业主／开发商改造为住房，是另一例。其次，因某家餐厅迁出而将联合车站一楼腾空，于是开发商将这个空间改为共管式公寓。如同早先提到的，在米尔斯公园大楼的一、二层办公空间也变成了住房。有个独特的早期项目是将位于凯洛格大道上原"货栈大楼"的两个楼层，转型为两层住房，落在两层办公空间之上，使得居民可以在同一间大楼内居住和工作，且距离河滨只有一个街区。

历史建筑的拆除（左）打破了北区（华柯达区）历史街区认定的希望（《圣保罗先锋报》，1990 年 1 月 14 日）。后来又失去 4 栋历史建筑（中图为其中一例）。剩下的第九街阁楼（右）日后幸被复原。

## 北区开发

强劲的住房市场，催生出从北区附近延伸到河滨的开发。

为了北区（North Quadrant，又名"华柯达区"，Wacouta Common）的开发，LRC 建议在城市村庄规划一个新的居住村，内有中等密度的联排别墅、复式住宅、花园公寓，可供给各种收入和年龄群居住；并经由环状道路，让交通从住宅区改道；同时加上大型开放康乐空间，包括迷你公园和便利商店、日间护理中心、社区设施、冬季花园（封闭式商业步行街），以及连接北区与米尔斯公园的人行天桥。

在调查这个区域遗留下来的仓库后，LRC 发现它们符合历史地标认定资格，这些可以为投资者产生 1000 万美元的税收抵免，对开发当然是具有强烈的吸引力。市历史保护委员会与明尼苏达历史保护委员会都支持将下城历史地区延伸至该区的一部分；如此一来，遗留下来的建筑便可以得到保护。

LRC 进一步建议，通过援用"阳光封套"（solar envelope）的概念作为覆盖区域划分的条例，使这个区域的建筑物采光最大化。它设想将历史地区的供暖系统延伸至此，亦即冬季花园的供暖由系统的余热和封闭式商城的太阳能提供。

LRC 通过改造遗留下来的历史建筑和对停车场进行新开发，设想新的居住村。其他的人却偏爱拆除，将这个区域整体进行新开发。一栋关键性的连接大楼"尼古拉斯·狄恩和格雷哥"（Nicols Dean, and Gregg）在新年前夕意外遭到拆除，终结了历史建筑认定的可能性。之后另有四栋建筑被先后拆毁。

被认定为历史建筑后，文艺复兴大楼（前两图）转型为平价住房。第三幅图为华柯达区公园。基于社区的要求，LRC 为位于第一浸信会及在北区的邻接共管式公寓之间的空间提出设计概念。结果是迷你公园（第四幅图）将老年人住房和教堂连接起来。

开发商一项高楼层设计方案几乎使儿童游乐场濒于拆除。所幸开发商的财务问题打断了这个项目，保住了这个游乐场。

鉴于下城强劲的住房市场，开发商自然希望开发北区。在市府大量资金支持及建造新的小公园之后，公园四周出现了数百套新住房。非商业住房的开发显然进展得不错。疲软的商业市场、空间的设计，以及缺少人行天桥或商城的连接，这些是值得审视的。自那时起，在这个区域内遗留下来的两栋漂亮大楼之一的"第九街阁楼"被修复。曾将农民市场附近的克瑞恩大楼进行修复的非营利开发公司，自此取得了另一栋遗留下来的建筑——文艺复兴大楼（Renaissance Box）。为了确保它被认定为历史建筑继而获得税收抵免的资格，这家公司将住房建造得更为平价。

某些住房提案，例如在靠近联合车站及 KTCA 电视台的儿童游乐场的用地上，建造一座 28 层的希伯利塔，这座塔并未融入它周围的环境中。这个特别的提案忽视了市府的要求和由 LRC 提供、同时用于 KTCA、市立停车场、联合劝募协会大楼的设计导则。

这座塔对于 KTCA 的进一步开发会产生负面影响，不但在联合车站广场投下阴影，而且还将迫使儿童游乐场搬迁。不过，当时市府的规划主任无视设计导则，仍支持这座塔的提案。

LRC 设法将开发商和 KTCA 聚在一起改善设计方案，但没有成功。最终，这个开发商未能获得融资。此后社区将儿童游乐场的用地转给圣保罗公园和娱乐局（St. Paul Parks and Recreation Department），因为认识到了它对于社区的重要性。

## 为艺术家住房持续努力

LRC 邀请圣保罗市府一位重要的规划官员到波士顿和华盛顿参观艺术家阁楼，并和更多的规划官员表达它的忧虑：如果驱赶下城的艺术家，将伤害原有的社区、产生争议，以及削弱联合再开发工作。LRC 也主张，为艺术家创造生活与工作空间，以免他们住在不安全、易失火的仓库，如此艺术家才会安居于此地。终于市府聘请了一位新规划人员，就艺术家住房供给项目和 LRC 展开合作。

LRC 特意将主要的商业开发带离艺术家所住的仓库，而在城市村庄规划和开发策略中，加入带有艺术家住房的艺术区。也提出一系列和艺术有关的建议，包括一座艺术中心，内有工作室和教室，一个有 300 个座位的

这个大楼的业主草拟一项方案（上），欲将顶楼改建为艺术家的阁楼。但艺术家不愿意签长期租约，艺术家住房的第一次尝试以失败告终。

应业主要求，LRC 协助草拟一个方案，将这栋建筑改建为 16 个艺术家阁楼，但业主改变主意，艺术家住房开发的第二次尝试即告失败。

实验剧场，以及展示公共艺术设计的画廊。

LRC 预留了 25 万美元以备填补融资缺口，以刺激对艺术家住房的开发兴趣。为了帮助这个区域的艺术家们进行永久性住房开发，LRC 和各种团体合作，包括市政府、银行家、大楼业主、开发商等。一家新成立的艺术家倡导组织"艺术空间开发公司"（Artspace Projects, Inc.），与 LRC 合作，为艺术家建造生活及工作的空间。

## 三次挫折

当时 LRC 很快发现，建造新的艺术家住房是件复杂的工作，同时充满陷阱。早期的三次努力均告失败——各有不同原因。

在第一次尝试中，LRC 连同艺术空间开发公司与大量的本地艺术家共同说服一位下城仓库的业主，将大楼的最顶层转型为艺术家住房。计划规划好了，开发商也蓄势待发，最后却因为艺术家们不愿签署开发商所要求的长期租约，计划遂遭放弃。

在第二次尝试里，一位大楼业主对于开发艺术家住房表现出强烈的兴趣，并请 LRC 提供意见。LRC 建议她聘请一位建筑师。这位建筑师提出将大楼的上层部分转建为 16 个艺术家阁楼。然而在设计完成后，这位业主却不知为何改变了主意。

在第三次尝试中，市府试图说服一个财务机构出售其所属的一间仓库并转型为艺术家阁楼。即使市府和艺术家们都非常热心，但是这个机构就是不想分出它的仓库。

虽然历经三次挫折，LRC 坚持不放弃，并学习到：想要成功地建造艺术家住房，需要合适的建筑、有意愿的业主和开发商、坚定和团结的艺术家团体、能够吸引投资的方案。唯有不断的努力，以及来自市府、LRC、私人基金会的足够资金支持才能成功。LRC 绝不放弃。

## 第一次成功

由于业主拒绝出售，而终结了艺术家住房开发的第三次尝试。现在一家生物医药公司在此办公（详见 P138 左下图）。

1980 年代末期在下城一项 30 个单位的艺术家合作公寓方案开始成形。这个提案来自"资产管理与服务公司"，它曾经与 LRC 在开发联合车站广场（在提案中阁楼所在街对面的零售店铺及娱乐中心）里合作过。这个开发商见到下城的潜力，明白 LRC 和市府对艺术家住房的兴趣，接着

在 1970 年代，下城许多仓库闲置着，并逐渐恶化。下城阁楼成为下城第一个成功转型的艺术家住房项目（上）。随后有其他三个项目转型。

宽大的居住 / 工作空间使得艺术家能够安心创作、展示他们的作品、享受他们的生活。

我喜欢我的空间。我觉得很幸运能居住和工作于此。我对颜色的敏感、对形式与形状的美感、我喜欢哪一类的形式、什么自然吸引我，都反映在我的家中。我相信意趣相投，因此，在这里的人吸引其他有着类似感受的人……他们因为相似的理由而想要来到这里，而且这个社区便从此成长起来。

——特里萨·卡克斯（Teresa Cox），艺术家

每年各种艺术展吸引大量人群到下城来，今天这里有 500 多位艺术家和其他创意人士居住和工作。

在下城未来基金的支持下，圣保罗年鉴（Saint Paul Almanac）在下城举办"诗歌即兴朗诵"。

美国银行大楼的大厅为各种活动提供场所，包括明尼苏达室内音乐协会等。

2012 年，明尼苏达美国艺术博物馆选在下城西边的历史建筑开创大楼落脚。

买下数栋靠近圣保罗联合车站的大楼，其中一栋特别留给艺术家。

由居住和工作在下城的艺术家在 1977 年成立的组织"圣保罗艺术集团"（St.Paul Art Collective）聘请艺术空间开发公司作为这个项目的顾问。LRC 承诺融资可达 25 万美元。经过许多工作和协商后，市府、LRC、艺术家们、开发商共同协商创造出现在的"下城阁楼艺术家合作公寓"（Lowertown Lofts Artists' Cooperative）。

艺术家可以向开发商租赁这些阁楼，并附带购买权，也可在从租赁日起十年后，以预定好的价格买下来。这个项目耗资 140 万美元，来自免税债券、代顿·哈德逊与布什基金会（Dayten Hudson and Bush Foundations）提供的资助，以及由街区开发项目、市府更新项目和 LRC 提供的贷款和贷款担保。"下城阁楼有限合伙公司"（Lowertown Lofts Limited Partnership）首先接下该项目的所有权，然后将其中的工作室出租给由艺术家／租客所有的股份有限合作社。8 年之后，艺术家成立了一间合作社，从开发商手中买下了这个阁楼。由此保证艺术家可以永久生活在下城。

在下城阁楼中的单位有各种大小，从小于 500 平方英尺（约 47 平方米）到 1300 平方英尺（约 120 平方米）都有。目前的月租从 450～1000 美元，比现行的市场价格低了相当多。这个合作公寓选择入住者的条件，主要根据他们对艺术表现出的热诚和他们对空间的需要及财务的协助。居住者包括画家、雕塑家、珠宝设计师、织物艺术家、摄影师、编舞者、音乐家、作家、诗人、平面造型设计师。

## 更多的艺术家住房

下城阁楼的建成为艺术家、大楼业主、开发商、艺术空间开发公司、其他的非营利实体，树立一个合作的典范，并证明艺术家住房在经济上是可行的。在几年之内，其他数座为艺术家建造的住房，都先后在这个地区完成，包括坐落在第四街的二六二工作室大楼、位于王子街和百老汇街交汇处原北太平洋铁路仓库的北方仓库，以及隔壁的提尔斯诺大楼。

给予这些项目的融资形形色色。某些只向市府要求低利率贷款和一般的银行融资。有些要求开发商的投资、银行贷款、来自市府和 LRC 的软融资，以及私人基金会的补助金。所有人都受惠于历史建筑改造项目税收抵免，也有人获得低收入住房税收抵免。今天，每个这样的空间都在提

下城以其自身而显得独特，因为它将现有建筑保留下来，有老城风味，又近大河，其间只有一个街区的距离，往高速公路的通道也很方便。同时我需要可以创作大型画作的画室。今天，我有一个 4 米高的画室。

——塔-康巴·艾肯
（Ta-coumba Aiken）
艺术家

供独特的工作与生活环境。艺术家、艺术空间开发公司以及各大楼业主经营着这些大楼。这 4 个艺术家的住宅楼，至今提供 170 个单位，有些大到 2000 平方英尺（约 186 平方米）。某些单位能容纳整个家庭，而且几乎所有单位的租金都远低于市场价格。

附近其他的大楼，在没有软融资的开发下，也提供额外的工作室空间给艺术家。由于需求增加，某些艺术家迁入由营利和其他非营利实体所开发的阁楼。完成于 2006 年的克瑞恩大楼平价住房项目，也吸引了不少艺术家。少数遗留下来的仓库经更新和增加密度建设转变为新用途，下城不同地区的新建设也将增加住房，这个社区在几年内就轻易地翻倍。

经过 30 年，LRC 协助几乎所有的下城老建筑都进行了更新，为市中心创造出新的住房市场。从米尔斯公园到河滨与北区，各种搬迁后新建和加建工程紧随其后，进而形成一个新的城市村庄。

正如在詹姆斯·麦库姆合伙公司（James McComb Associates）进行的住房调查中记录的：

· 下城人口从 1980 年的约 260 人增加到 2000 年的 1941 人。现在超过 5000 人住在这个地区。
· 下城呈现人口多样化。在 2000 年，这个区域有 1/3 的家庭年收入约 75000 美元，有 31% 的家庭年收入低于 25000 美元。中等家庭的年收入为 36133 美元。
· 下城的公寓租金远高于市中心的其他部分，这证明注重设计质量与康乐设施可以带来较高的租金收入。
· 在下城，共管式公寓的转售价格从 1974 年以后明显增加；在加尔捷广场的爱瑞公寓（Airye），其两居室的单位在 1994 年出售时，每平方英尺 89 美元，到 2001 年则上涨至每平方英尺平均 178 美元。

通过有品位的历史建筑保护和新的建设，进而创造出独特的居住社区，下城获得美国国内和国际的肯定。居民和企业被它城市村庄的特色所吸引。在这里人们享受着历史建筑、符合人类尺度的街道、公园、文化生活。现在，下城将都市的活力及便利与小镇的亲密关系和敦亲睦邻两者结合起来。再开发不但没有驱赶下城的艺术家社区，反而将其扩大了。

LRC 的"河滨花园规划"设想了一个码头、河滨住房、一座"创意中心"、联合车站的复原和轻轨捷运的延伸。

# 河滨花园愿景

　　从 1980 年代起，LRC 和拉姆希县一起规划轻轨捷运，以连接圣保罗市中心和明尼阿波利斯，并将联合车站恢复成多式联运终点站，以及收回河滨之地。一旦达成这些目标，下城甚至会变成在工作和居住上更具吸引力的地方。

　　LRC 的"河滨花园规划"设想沿着河滨有超过 2000 个单位的住房、在河湾处建一座码头作为下河滨公园（Lower Landing Park）的一部分，以及一条河滨长廊。一座附带艺术展示和表演空间的"创意中心"和冬季花园，可以将下城艺术社区延伸至水边。

　　在联合车站的内部或旁边，可能会吸引更多康乐设施的开发。公共艺术作品以及供艺术展示或演出的空间，也有可能在这些建筑物内部或四周建造起来。

　　河滨花园的居住者可以享受河滨一览无遗的景致、布鲁斯·文托自然保护地之美、下城的历史魅力、各式各样的康乐设施。他们可以在河中巡航或沿着河流与连接下城、圣保罗东城的 85 英里地区小径散步或骑自行车。吉列大楼及其用地，如果开发得宜，能够提供更多的艺术空间和另外 800 个住房单位。

## 为创意社区扩充康乐设施

　　建设一个创意社区，除建造艺术家住房之外，还需要康乐设施去吸引

各式各样的康乐设施——米尔斯公园（左）、下河滨公园、基督教青年会的运动设施（中）、餐厅、咖啡厅（右）、人行天桥、自行车道——使得下城适合居住，同时吸引居民、艺术家、企业家和游客。

得克萨斯州艺术家布雷德·戈德堡（Brad Goldberg）（右）在米尔斯公园完工后到访。

和留住那些在此居住和工作的创意人士。LRC 的市场调查确认了这些设施的必要性，同时用多方面努力来满足这些需要。

当 LRC 得知基督教青年会正寻找地点准备改进设施时（也许在市中心的另一端、临近扩建后的戴顿百货公司），它邀请基督教青年会的人来参观下城、城市村庄规划，以及业已提出的加尔捷广场多用途规划。并建议在基督教青年会加入这个项目后，LRC 提供一项基督教青年会募款活动的担保，最高可达 75 万美元，以填补任何的融资缺口。这一努力帮助基督教青年会选择了加尔捷广场作为它的设施，包括游泳池和健身房。这个设施可以作为住房项目的重要营销工具。

## 合作设计

另一方面，LRC 耗费极大心力重新设计与建造米尔斯公园，并征求当地居民的意见。旧米尔斯公园由于设计不良与长年疏忽，早已不引人入胜，不能胜任下城村庄广场的功能。直到 1970 年代末期，这个几乎整座都是混凝土的公园满是流浪汉，而园中有许多隐蔽的角落，使游园的人深感不安。由于如此劣化的维护，公共电台主持人加里森·凯勒（Garrison Keillor）称它为"破砖场"。

LRC 聘请一位美国顶尖的设计顾问，帮忙观察使用者、潜在的使用者，以及他们对公园的要求及满意和不满意之处。它也调查了公园的日照，同时和"圣保罗公共艺术机构"（Public Art Saint Paul）一起在全美选聘了一位来自得克萨斯州、极富创意的雕塑师，与市府公园设计师、社区人士一起重新设计这个公园。最后将不友善的广场转型为"村庄中心"（village

艺术家布雷德·戈德堡和圣保罗公园暨娱乐局的景观设计师唐·刚奇（Don Ganje）合作设计营造米尔斯公园（上）。刚奇和艺术家凯普莱斯·葛拉瑟尔（Caprice Glaser）设计建造儿童游乐场（中）。两个项目都得益于市民顾问。今天在密西西比河旁的下河滨公园提供自行车道（下）和钓鱼平台，未来还要建一座码头。

人行天桥发挥着重要作用，它让城市在冬天变得更适合居住。

commons），大大地受到居民、上班族、游客的喜爱。今天，当地居民和上班族志愿提供服务以维护公园的绿意。在假日，由 LRC 未来基金支持的亮丽灯饰，更增强了公园及其周围的魅力。这些灯饰是 2008 年邀请麦肯奈特艺术家赤川欣二（Kinji Akagawa）创作的。

此外，LRC 成功参与了重新设计华纳路，并将其从河滨往内陆迁移。由此在密西西比河湾处创建了一座 30 英亩（约 12 公顷）的公园——下河滨公园（Lower Landing Park）。公园包括步行道和自行车道，以及一条河滨长廊，供居民和上班族使用。

后来，LRC 和社区、圣保罗公园暨娱乐局一起开发儿童游乐场，建成了具有创意的游乐设施和邻接墙上的一幅大壁画。它还帮助圣保罗农民市场重新定位，并在下城建造了新市场。

在一个有如圣保罗一般的冬季都市，必须让人们在冬天也能够在市内自由走动。人行天桥是针对这个问题的解决方案之一。LRC 帮助建造 9 座天桥，连接下城和市中心的核心点。以上提到的各项 LRC 对创建或改造康乐设施的努力，都使得下城更能吸引居民，也鼓励住房开发商在此找寻投资的机会。

## 扩大这个富有创意的社区

针对艺术社区，LRC 寻找可以吸引艺术家的各种商业形式——从餐厅、咖啡馆到画廊、艺术学校、禅修中心等等。通过与各种团体和个人的合作，LRC 帮助下城转变成创意表现的新中心。其中比较显著的成功是：

2008 年和 2009 年在下城未来基金的支持下，这个社区聘请麦肯奈特基金会艺术家赤川欣二创作节日灯饰，该设计部分受到儿童画的启发，并采用行动感应开关装置，以节省能源。

TPT（前 KTCA）公共电视台募得 2000 万美元，并且在下城建造了一座无负债的新广播电视台。

## 公共电视台

1980 年代后期，LRC 和圣保罗市说服明尼苏达最大的公共电视台 KTCA-TV（今 TPT 或双子城公共电视台）迁移至下城。制作美国国内和本地节目的 KTCA 很想建造一座最先进的演播室。对这个街区来说，它的名声和规模能产生许多工作机会。

LRC、圣保罗市、KTCA 一起选择建设用地，同时 LRC 为电视台最初的募款活动提供 75 万美元的担保。LRC 也协助为 KTCA 所在街区制定基本的设计导则，以保证（当时和后来的）开发都和街区兼容。最后，KTCA 为该项目募得 2000 万美元，不再需要 LRC 的资金援助。这座演播室的所在地以前是停车场，其红砖立面与坚固外观和四周历史建筑融为一体。这座大楼的结构也事先设计好，足以负荷电视台未来扩充的两个楼层。

## 表演艺术

音乐、戏剧、舞蹈，从 1970 年代后期，也就是 LRC 开始其开发工作起，全都在下城扎根。在这个地区找到场地的演艺组织，包括致力于新作品的古典四重奏"时代精神"（Zeitgeist）、鹦鹉螺音乐剧场（Nautilus Music Theater）、明尼苏达古典芭蕾舞学院（Classic Ballet Academy of Minnesota）。美国作曲家论坛（American Composer Forum）紧挨着下城。有两个团体值得一提：

"时代精神"致力于新古典音乐的创作和表演（左）。演唱早期音乐的合唱团"飞翔形式"（Flying Forms）创立了巴洛克工作室 (Baroque Room)（中）。银天鹅声乐合唱团 (Silver Swan Vocal Music Ensemble)（右）也驻扎下城。

明尼苏达州华裔协会舞蹈团在下城第一次找到自己的舞蹈室。

## 公园广场剧场

在一项早期的工作中，LRC 协助了公园广场剧场，当年它只是一个年轻的剧场团体，在下城公园广场中庭大楼的临时场地里从事表演。LRC 帮助说服大楼的开发商在地下室为它建造了一座小剧场。这个新的场地为剧团的演出提供更多的方便，剧场发展得很成功，也带来大楼内餐厅的生意。不料短视的房东改变心意，最后迫使剧团迁移，但演员们下决心继续剧团的演出和发展。他们在一家复原的市中心剧场内找到新场地不断演出，最近还庆祝了剧团成立 35 周年。

## 明尼苏达州华裔协会舞蹈团

多年来，明尼苏达州华裔协会（CAAM）舞蹈团一直没有固定的场地，经常被迫到处搬迁。其领导人找上 LRC，希望能协助在下城找一处地点，作为办公室和排练室。

LRC 和舞蹈团董事会进行可用空间的实地考察，找到合适的大楼，LRC 将华裔协会和房东集合在一起商谈。最后商定舞蹈团的租金打折，房东因支持非营利的舞蹈团也获得了减税。由于有了新场地，不久，这个舞蹈团申请并获得来自麦肯奈特基金会的大量补助金。

从这个场地开始，明尼苏达州华裔协会把这个舞蹈团塑造成主要的社区舞蹈团，经常在双子城地区演出，且为小孩和成人开设民族舞课程。后来从下城迁往另一处较大的场地。

## 公共和私人的演艺中介

LRC 帮助数个受人尊重的艺术组织进入下城。1996 年，因希望在蓬勃发展的艺术活动中心工作，明尼苏达州艺术委员会迁入公园广场中庭大楼内一个特殊设计的更新空间里。一年后，提供大笔资金支持明尼苏达和纽约区艺术活动的杰尔姆基金会（Jerome Foundation）也搬进了这个街区。

LRC 也鼓励"艺术跳板"（前"艺术资源与顾问"）迁至下城，并且支持它为迁移所做的资金申请。艺术跳板主要为艺术家提供工作信息、网络连接、版权保护和营销。为响应这个要求，下城未来基金批准数项资金申请，以支持它对艺术社区所做的服务。

为了给轻轨捷运维修场让出空间，这个奇妙的雕塑作品——"下城艺术大道项目"的一部分——暂迁往西方大道。在铁道完工后，它将回到下城的新地点。

一个促进各种公共艺术设施的活跃组织"圣保罗公共艺术组织"，也在下城找到场地，并与 LRC 合作许多项目。从事新音乐创作的美国国内组织"美国作曲家论坛"，也进驻附近。这些都有助下城艺术家社区的发展。

**合作的公共艺术及设计**

多年来，LRC 通过它和公共部门、私人组织的种种关系，鼓励合作的公共艺术创作。例如米尔斯公园，LRC 在进行美国国内调查后，从得克萨斯州找来雕塑家进行完整的重新设计，而本地艺术家则受聘来建造一个创新的儿童游乐场。

LRC 与圣保罗公共艺术组织的长期合作关系，显然是极具建设性的。借助从尚未使用的国家艺术基金会（NEA）补助款取出一大笔资金，LRC 邀请圣保罗公共艺术组织一起探索两项新倡议。第一项是"下城艺术大道项目"，起点是一件大型雕塑作品，地点靠近圣保罗农民市场。沿着同一条街道，有两件大壁画相呼应，分别在设置雕塑的时间前后。第二项则启发了"人行天桥画廊"的创设，即在空荡的人行天桥店铺前放满艺术作品。在适度的市府补助下，下城艺术家弗兰克·布朗（Frank Brown）邀请了 25 位艺术家在人行天桥内展示他们的作品。这给了艺术家更多的展示机会，同时也让民众有更多机会享受和欣赏到艺术作品。

2005 年，圣保罗公共艺术组织筹办了国际石雕研讨会（International Stone Carving Symposium），邀请世界各地艺术家到下城进行创作。按照圣保罗公共艺术组织的要求，LRC 提供建议和支持，包括邀请美国国内电视台采

人行天桥画廊的倡议协助将店铺前空荡荡的空间填满艺术品（左）。明尼苏达州艺术委员会（中）和杰尔姆基金会（右）两者皆居于独特的、具有历史感的下城空间，基金会为明尼苏达州和纽约的艺术家服务。

2005 年，马丁·路德·金国家纪念基金会的首席建筑师（上）到圣保罗参加国际石雕研讨会，经 LRC 的介绍，而引发了委托一位参会的中国雕塑家在华盛顿特区纪念馆建造雕像的大事。

访参加这次盛会的中国雕塑家。当马丁·路德·金国家纪念基金会的首席建筑师表示有兴趣和雕塑家谈谈时，LRC 董事长帮忙做了翻译，不过后来在这位雕塑家访问美国首都时，LRC 协助找到一位专业口译从旁协助。最后该基金会聘请这位艺术家在华盛顿特区建造一座马丁·路德·金的大型雕像。

## 艺术享受大众化

下城转型为艺术家天堂之后，吸引了普通民众的更多关注。每年吸引各地的艺术爱好者来到这个地区，欣赏、享受、购买各式各样的作品。他们出席在米尔斯公园的爵士盛会和室内音乐会，也参加坐落于下城中心点、具有历史感的"大会堂宴会厅暨会议中心"内所举办的"龙节"。他们参观下城艺术大道两旁的壁画和雕塑，细细品味着在街区画廊和工作室里面的展览。在每年春秋两季举行的下城艺术展，总能吸引数万名艺术爱好者来参观。

这个艺术展为街区艺术家提供了很好的机会，将他们的作品介绍给广大公众，在公园举行的爵士盛会，鼓励那些为此来到圣保罗市中心的人，尽情享受公园、餐厅以及下城提供的其他康乐设施。

## 网络村

下城创意社区的发展，吸引了其他的创意企业，包括广告和公关公司、建筑师、平面设计师、画廊。1990 年代，LRC 认识到在下城建设高速网络连接和转换站的重要性，于是鼓励创建网络村——在一个联结松散的社区里培育计算机和网络公司，包括网络连接服务和实际内容的提供商。

就像那些帮助迅速重振下城的视觉与表演艺术家们一样，经营这些公司的年轻企业家很喜欢这些被他们称为"时髦的"空间和康乐设施。有些公司继续扩大或迁往西海岸，其他的倒闭或卖掉，不过仍有许多留在下城。最近，一家重要的超级计算机公司"克雷研究公司"，就像生物医药公司和其他高科技公司一样，因为喜欢这个空间、地点、康乐设施、整体气氛、不久的将来轻轨捷运的完工，选择迁至这个街区。

1990 年代，LRC 深感在下城高速上网和转换站的重要性——设想一个网络村以吸引网络连接服务和内容提供商。

与市府合作，LRC 成功地将 KTCA 吸引至下城。网络村的愿景有助于提供高科技工作岗位和扩大创意社区。新的网络公司使网络村复苏，并提供"CoCo"合作空间。

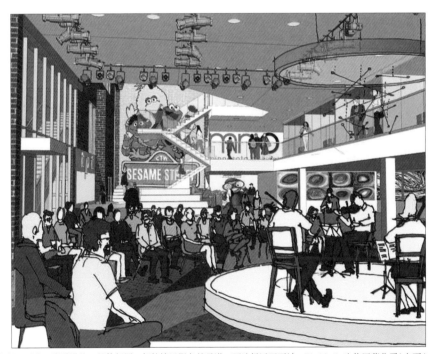

超级计算机公司克雷研究（左上），由于喜欢这里的空间、地点、康乐设施、整体氛围、轻轨捷运服务的承诺，而选择迁至下城。Bio Medix 生物医药公司（左下）也有同感，它改造了一座历史建筑作为办公室和训练中心。TPT（右）计划建设一个活动暨展览中心，以融入并服务社区。

## 失败

LRC 虽然将下城建设成一个创意社区，但是并非每件事都获得成功。这个非营利组织曾试图联合加斯瑞剧场，将他的实验剧场和道具间迁移至这个街区，但剧场艺术指导的离职使得该计划失败。有一年曾尝试与艺术家露丝·达克沃斯（Ruth Duckworth）在河滨之地建造一面历史雕塑墙，因为经费远超出可使用的美国国家艺术基金会资助而失败。另一项受到美国国家艺术基金会资助的规划是在加尔捷广场大街上，设置一座由美国国内知名艺术家制作的令人惊艳的灯光雕塑，却因为开发商陷入财务问题，无法提供相应资金，以致计划胎死腹中。不过，LRC 后来与圣保罗公共艺术组织合作，利用这笔资助制作一件雕塑放在圣保罗农民市场附近，最近为了给轻轨捷运铁路的维修场让出地方而迁移他处。

挫折从来不曾减少 LRC 的信念；它的不懈努力带来改变。例如，艺术家住房的出现，吸引了更多的艺术家到这个街区来。今天，有 500 位艺术家工作和居住在下城，这使得它成为双子城最大的艺术聚落，也是美国最大的艺术家社区之一。作为取得住房所有权的居民，下城的艺术家形成了一个永久的、有爱心的群体，使得这个区域更安全，且能抵抗衰退。他们和数千名其他居民一样，都是下城重要的利益关怀者。

## 对社区的挑战

1998 年，一间艺术家阁楼发生了一起三人死亡的谋杀案，使下城这个创意社区的更新受到考验。幸运的是，这件可能将社区撕裂的凶案，反而将社区居民凝聚在一起。

当时 LRC 立刻采取行动，与艺术家、社区团体，以及市府密切合作。一位艺术家写了专栏文章表达居民的决心，要让社区变得更坚强。米尔斯公园的烛光追悼会抗议对女性的暴力行为。艺术家举办拍卖会，为受害者的母亲（同时也是下城的居民）募款。LRC 邀请市中心警察分局的队长来到社区与居民讨论提高安全性的计划，并决定在下城设置派出所。最后谋杀犯被捕，社区也存活下来，下城变得更加安全稳固。

另外在前面提到过的一件危害儿童游乐场的高层建筑提案，幸亏开发商筹资未成导致项目流产。反应迅速的市府新管理层响应社区的要求，将

棒球场的提案两次威胁到下城社区。选民反对，同时棒球俱乐部偏好明尼阿波利斯的某个地点，从而保住了下城河滨、联合车站项目，以及街区。

TPT 制作各种节目，涉及下城和世界各地的创意社区。

场地转给圣保罗公园暨娱乐局，以保证它永为游乐场。

出自不同市行政官员之手的明尼苏达州双城棒球场提案，两度挑战这个社区。市民投票反对第一次提案；第二次提案中棒球队偏爱明尼阿波利斯的某个地点。撰写本书时，市府提议将吉列厂房用地作为圣保罗圣徒棒球队的体育场。

## 取得的经验

艺术带来美丽和宏大的远景，并丰富我们的人生——因此，LRC 希望在下城培育和强化艺术生活，LRC 的董事会支持职员们为此做出的努力。两者都从 LRC 的工作中学习到很多，更通过政府与社会资本合作强化下城这个创意社区。以下是与建设一个创意城市村庄有关的七件关键性行动：

1. **从开始就设想一个创意村庄**。乔治·伯纳德·肖（George Bernard Shaw）说："没有艺术，现实的残酷将使得世界令人无法忍受。"LRC 同意这个观点，从第一天起便希望将这个创意社区整合进的愿景中。当时很少有人认为 LRC 能够避免下城的艺术家被赶走；然而 LRC 不仅能够保住绝大多数原本就在这里的艺术家，还通过由艺术家所创造的康乐设施去说服其他的人来到这里。再者，艺术家的出现帮助 LRC 招募大、小艺术组织和创意团体来到这个地区。现在许多专业创意人士认定下城是个生活的好地方。甚至那些不符合入住艺术家住房条件的人，也很想在这一街区找寻市场价的住房。创建下城的艺术家社区也有助于再产生更大的都市。

2. **让艺术家参与其中并支持艺术家**。艺术家是有创意又热情的人群，但许多人偏好独自工作，遵循个人意愿。尤其对艺术家来说，团队合作和团体历程是种挑战。这也可以作为艺术家住房项目之所以需要尝试四次才得以成功的部分解释。根据 LRC 在下城的经验可以确定，在再开发中，艺术家依然是重要的合作伙伴。

如同在此居住的艺术家和教育家玛拉·甘布尔（Marla Gamble）所记录的，下城吸引许多艺术家到此，因为它独特的都市风格、因为渴望与专业人士在一起、因为有机会付合理的租金工作和居住在历史建筑中。邀请像甘布尔这样的艺术家加入更新的过程中，不但增加了创意，同时

著名的当代山水画家卓鹤君先生的展览、讲座和展示（上）提供了文化交流的机会。

水中云禅学中心提供幽静的地方供人打坐静思。

增加了他们对下城的支持。刘易斯·芒福德（Lewis Mumford）曾经说过，艺术家有义务提醒他人"他们的爱心和他们对于创意的信念"。请仔细倾听艺术家的声音。

3. **追求稳步和适度的发展**。这样的发展可以让 LRC 从容地追寻新的市场机会，并且增加私人在下城街区的投资。一次性的大规模开发所导致的快速发展，对社区却有负面影响，因为它会产生巨大的驱赶迁移、破坏文化资源、使市场过度饱和，以及花费巨大的迁移费用，而浪费公共资源。许多 1950 和 1960 年代的都市更新规划证明了这是考虑不周又无效的工作方式。

　　随市场机遇和需求变动，以及机构组织成长或衰退，LRC 以考虑周到和稳健的行动方式让下城有时间适应变化。现在，网络公司很愉快地在街区中与艺术组织混杂相处。位于顶层的高级共管式公寓和供应给低收入人群的卧室同时存在。下城和它的艺术家社区以他们自己的步调同时欣欣向荣。

　　LRC 在追求艺术社区和其他发展目标过程中，借着缓慢又适度的行动，随时保持灵活性和争取个人参与最大化。正如老子所说的"一生二，二生三，三生万物"。

4. **严格遵守融资规则**。良好的财务监督，是任何与艺术有关的再开发项目获得成功的重要因素。LRC 处理一项与下城艺术家住房项目有关的 700 万美元资金方面的经验，是个很好的例子。这个项目的合作伙伴是一家非营利开发商，在这个项目里起领导作用，并提出一项 770 万美元的计划。这位开发商从不同来源获得资金，最初向 LRC 申请 100 万美元贷款。LRC 认为这个数额太高，因为设计上的某些部分是多余的，于是鼓励开发商进行修改，有可能节省 65 万美元。开发商照做之后，提出一项 40 万美元的资金申请。进一步协商后，LRC 提供 20 万美元的贷款，使得项目得以进行。

　　依靠严格的融资规则，LRC 使它的贷款起了最大的杠杆作用。它审慎与合作的方式容许项目发展中的创新，同时尽可能让更多对项目有兴趣的团体参与其中，不让任何单一团体独撑大梁。把设计审查和财务审查整合在一起可帮助改进设计、降低成本、提出形式预算书。多年来，为了下城的项目，由 LRC 所填补的融资缺口，低者 12 万美元，高者 220 万美元，达成每 1 美元的财务杠杆从 5 美元到 35 美元。

5. **促进建设性合作**。LRC 在培育下城艺术社区中，扮演许多角色，包括提供设计想法及建议、给予资助，以及持续在纸媒和电子媒体宣传这个地区，并通过个人关系与双子城的企业及政府团体保持联系。然而它最重要的角色是将项目所需的人聚集在一起。自从一开始，它便和艺术家、市府部门、中介机构、市长办公室、市中心商业协会、社区组织、私人开发商及投资者紧密地合作。部分参与者变成了下城和艺术区的有力倡导者。

　　当然并非所有的合作都能成功，LRC 发现当人们共享目标、建设性地运用他们的专长、安排他们的资源时，好的结果便跟着来了。作为非政府组织，LRC 发挥在设计、营销、财务上的专长。为了推行它的想法，它依赖的是说服而非强迫。它认识到合作的过程必须容许足够的时间进行讨论和辩论，但无休止的辩论不会产生任何结果。

6. **有耐心和持久**。不是每项再开发项目都能从一开始便成功。然而失败并不意味着再开发的目标是错的，或者程序与方法是无效的。从提供艺术家住房的前三次尝试中取得的经验，带来了第四次尝试的成功。有如中国古老的谚语所说："失败是成功之母"。当 LRC 选择正确的开发商和正确的大楼，并提出规划、营销方面的专业知识，提供所需的资金，同

下城的艺术社区帮助扩大和丰富城市村庄。艺术展示也包含其他各地艺术家的作品。

时和它的合作伙伴耐心和持久地进行合作，朝着创建艺术家、居民、企业的城市村庄前进，愿景便能成真。

7. **准备好进行下一个城市村庄建设中的冒险行动**。哲学家阿尔弗雷德·诺斯·怀特黑（Alfred North Whitehead）说：“当愿冒险时，艺术才能蓬勃发展。”对于 LRC 的经验而言，非常确切。现在下城充满生命力，艺术社区的培育正是促成这一改变的主要因素。有些艺术组织留下，有些搬走，但这里必须总保持冒险精神——对新看法和机会保持开放心态。

## 向前看

迄今为止，政府与社会资本合作产生了 7.5 亿美元的新投资，增加了 2600 个住房单位，吸引了 5000 名居民，创造了 12000 个工作岗位。最令人满意的是，有 500 位艺术家在下城工作与生活。新一代的社区领袖——居民、艺术家、企业主关心着它的未来。

这个已经建立起来的住房市场，有可能在米尔斯公园和北区附近刺激进一步的成长。通过更多的社区展望与行动，下城将为布鲁斯·文托自然保护地建造一座解说中心，同时延伸它的步道到河滨地带。保护地会使得这个地区更环保和可持续发展，应该会促进对这一地区的投资。

在“河滨花园规划”（见第七章）中所勾勒的河滨地带的愿景，可以帮助将联合车站建设成多式联运终点站，并且吸引新的住房和艺术家。位于下城东端的前吉列工厂提供更多工作、住房、开放空间，以及与创意社区

密西西比河（左）、开拓后的布鲁斯·文托自然保护地（中、右）、步道和自行车道为各式各样的艺术家带来灵感。有关布鲁斯·文托自然保护地的画作，请参看第六章。

美国国家艺术基金会主席罗可·兰德斯曼（Rocco Landesman）（右三）和美国国会议员贝蒂·麦科勒姆（右四）在他们访问下城时与艺术家见面。兰德斯曼后来推出"艺术家园基金"（Art Place Program），以协助创意社区的发展。

有关的活动。这些将一起建设下一个城市村庄。

然而大都会议会想将轻轨捷运铁路维修场置于吉列工厂用地的短视计划，有可能制造出令人无法接受的交通阻塞和噪声，也因此阻挠了本地区最大的发展可能性。这个区域的委员们及许多其他开明与细心的社区领袖虽然对此计划提出反对，但目前无济于事。这些社区领袖现在与市府、市中心社区合作，通过"小地区规划"提出这一问题。未来可能会出现详尽符实的规划。

从空荡荡的仓库和停车场建造出新的城市村庄之后，LRC 回首其 26 年的策略，大部分任务都已完成，同时创立一个捐赠者指示型的下城未来基金，用以支持这个街区今后的活动。在一群开明的艺术家和社区领袖指导下，这个基金已资助艺术展览会、社区通讯、诗歌朗诵会、假日灯饰、音乐节、社区规划、TPT 拍摄的下城影片，以及可供博物馆和乐队使用的新空间。今后各种可能性似乎是无止境的。

借着在下城建立艺术社区，LRC 创建出一个对该市和国家来说都是非常独特的社区。它的支持环境、同行社区、特殊景观与节奏，全都影响了此地艺术家的创作。反过来，艺术家的存在也丰富了，甚至是定义了这个城市村庄。就在游客和居民漫步在人行道上、参加活动、参观画廊的时候，他们也都受到了艺术的浸润。

多年来，LRC 的主席供职于明尼苏达室内音乐协会的董事会，并与它的艺术指导金英男（Young-Nam Kim）一起工作。1995 年，在第二次世界大战胜利五十周年纪念会上，圣保罗亚裔社区成员希望举办音乐会以纪念亚洲大屠杀。通过担任美籍华裔全国领导委员会百人会副主席的关系，作

活力四射、有创意、宜居、可持续发展的下城，持续丰富该市、该大都会人们的生活。

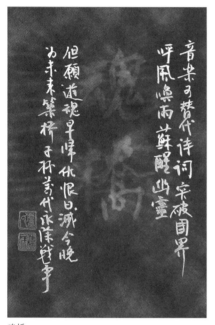

魂桥

音乐可替代诗词
突破国界
呼风唤雨
苏醒幽灵

但愿游魂早归
仇恨日减
今晚为未来筑桥
子孙万代
永除战争

诗与书：卢伟民
2001 年

者与大提琴家马友友相识为友，并邀请他帮忙策划这场音乐会。筹办人员设定"和解"为主题，并为音乐会创作四件新作品，名为"魂桥"。经过六年的准备，在 2001 年 5 月底，音乐会首次在圣保罗市公演，然后在世界和平日（9 月 18 日）转播到全国各地，之后又在 2005 年加利福尼亚州环太平洋音乐节中演出。

以下是马友友访问双子城时，他写道：

从第一次到双子城算起已超过 20 年，它很明显是美国创造力最丰富的都市之一。在双子城，公司和社区的力量相结合以培养和鼓励创意，是有其历史的。政府与社会资本合作来支持艺术，造就了双子城在美国的与众不同。下城正是这种合作下的范例。借着在圣保罗的中心创造一个切实可行又不断发展的艺术家社区，下城丰富了全市的艺术家、居民、家庭、儿童、企业家的生活。

他道出了真相：经由愿景、努力和合作，其中合作包括麦肯奈特基金会、圣保罗市政府、艺术空间开发公司、圣保罗公共艺术组织、明尼苏达室内音乐协会、艺术跳板公司、个人艺术家等，LRC 帮助下城发展了它的文化生命，同时将艺术和社会、经济、居住环境整合在一起，产生了一个充满活力、富有创意、宜居、可持续发展的社区，进而丰富了整个都市。

魂桥音乐会，由明尼苏达室内音乐协会与马友友合作演出，2001 年于圣保罗首演，当年 9 月 18 日（国际世界和平日）传播全美。2005 年在圣克鲁斯的太平洋音乐节上再次演出。

# 第六章　布鲁斯·文托自然保护地

赋权社区实现梦想

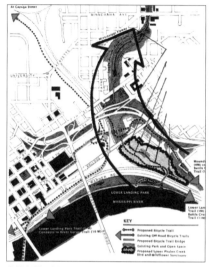

自然保护地的用地，介于戴顿断崖和下城之间，是从圣保罗到明尼苏达州北部德卢斯的重要飞鸟迁徙路径。

布鲁斯·文托自然保护地（Bruce Vento Nature Sanctuary）是座美丽的都市公园，在圣保罗市中心给予人们自然美景。从下城中心走一小段路，保护地就在东城边上、戴顿断崖附近。雄伟的石灰岩和砂岩断崖矗立在保护地边，园内有溪流和湿地，还可欣赏市中心天际线的景象。在公园里，游客经常会看见飞升的白头鹰和老鹰。当数以千计的鸣禽和其他野生动物沿着密西西比迁徙路线前进时，这里就是它们的休息地。

经验显示，最成功的城市开发，是在其附近拥有自然的区域——一个让城市居民、该地的企业员工、儿童和家庭能够离开城市的喧闹，静静地散步或者思考的地方。布鲁斯·文托自然保护地，给下城和东城街区提供这样的绿色设施。保护地在 2005 年 5 月社区庆典中对外开放，现在业已吸引许多居民、艺术家、游客，以及环境保护者、决策者、企业等的强烈兴趣。

布鲁斯·文托自然保护地的建成提供了很有价值的经验。保护地是自下而上的、基于合作模式的努力成果，同时也阐明了市民如何共同合作，为大型社区创造出若干价值。其次，这一路走来所面临的挑战，以及完成此区的再开发后还会出现的挑战，也有借鉴和启发。

## 历史之地

布鲁斯·文托自然保护地所在地，曾经是美国原住民聚集地、圣保罗第一座酿酒场所在地，也是繁忙的铁路货场。

位于戴顿断崖脚下、密西西比河急弯处的这块土地，原本是洪泛沼泽平原，在此有两条支流，飞冷溪（Phalen Creek）和鳟鱼溪（Trout Brook），汇集之后流入大河中。约两千年前，古老的霍普威尔人（Hopewell）在断崖之上的坟堆埋葬他们死去的族人，后来达科他部落（Dakota Tribes）在此进行交易和举行仪式。这块土地上有个广为人知的洞窟，叫做瓦康·提比（Wakan Tipi），或称为"精灵之屋"，内有蛇和其他物体的雕刻。后来这个洞窟成为早期欧洲探险者的地标，而当乔纳森·卡弗（Jonathan Carver）在 1766 年造访并将它写入日志后，它又被某些人称为"卡弗洞窟"（Carver's Cave）。

当圣保罗开始发展时，这个地区首先由德国移民开发，他们在 1855

俯瞰密西西比河及圣保罗市：戴顿断崖区在左，下城在右。

靠近下飞冷溪的瓦康·提比／卡弗洞窟，是印第安人达科他族重要保护地。

年建立北星酿酒厂。不久之后，飞冷溪及鳟鱼溪改以水管导入地下并填平地面，使得土地能容纳多条铁轨。到 1920 年代，铁路经营，包括维修设施，占满了整个地区。

1970 年代，铁路公司大规模地离开这个地区。经过约一个世纪的工业使用，土地大受污染。不久，人们开始将它作为旧器械、建筑垃圾以及其他垃圾的非法丢弃场。由于被一条废弃的铁轨阻隔于密西西比河外，这个曾经生气蓬勃的自然区域，竟然变成社区的眼中钉。不过某些具有远见的居民却看出它的潜力，开始采取行动，企图改造和复原这片土地。

1970 年代，圣保罗东侧的戴顿断崖和铁轨岛的社区协助建造斯韦德·霍洛公园（Swede Hollow Park），是一座位于树林茂密的山谷中的新都市公园，早期为移民安置区。由于这一努力获得成功，社区成员把眼光转向下城和受到忽视的铁路货场。这些社区成员对这片土地有个梦想，期望它是一个回归自然的地方，同时可以通过它，连接下城及密西西比河。

这个社区在 1980 年代面临巨大的挫折，因为明尼苏达州将华纳路往内陆迁移，以便在河湾处建造公园，并设置土护堤，此举更进一步阻隔了东城街区的密西西比河风景。LRC 赞同建这个公园，但是建议将道路建在长桥上，以免阻隔风景和通路。这个建议没有被接受。不过，东城和下城社区坚持他们的目标，也就是将遭到忽视的铁路货场予以开发和复原。

## 社区愿景

1990 年代，社区的努力注入新活力。由于麦肯奈特基金会对于将这

下飞冷旧景：赛斯·伊斯曼（Seth Eastman）的《密西西比河滨的小乌鸦村》（左），北星酿酒厂和伯灵顿北方铁路（中），铁路时代的下飞冷（右）。

片位于洪泛平原上的城市土地进行转型表现出极大兴趣，所以启动了一个特别的"密西西比河项目"。1997 年基金会要求 LRC 加入这项工作。这片土地位于下城边缘、与圣保罗东城的交界，如果这两个社区合作，将可以获得很大的益处。

LRC 认为可持续、宜居、环保应给予优先考虑，它乐于与下城东侧街区在以河川支流命名的"下飞冷溪项目"（Lower Phalen Creek Project）中成为合作伙伴。麦肯奈特基金会提供资助，让项目人员进行募款和其他经社区指导委员会（Steering Committee）拟定的工作。基金会则担任该项目的重要支持者。

第一个难题是找到一位能将愿景清楚地表现在区域总体规划中的创意天才。认真考虑后决定聘请景观设计师"马丁与皮兹合伙事务所"（Martin and Pitz Associates）担任顾问，将社区的梦想转变成规划。LRC 则提供相应的资金，以确保项目进行。

许多社区成员和来自政府机构的伙伴，例如明尼苏达自然资源局（Department of Natural Resources, DNR）和明尼苏达污染防治机构（Minnesota Pollution Control Agency），为这个项目进行合作，共同进行规划。其中一个目标是保护鸣禽和其他野生动物的密西西比迁徙路线，再者是创造一处本地植物和花朵的保护地，供人们使用和欣赏。

由于土地受到污染，所以找出让小溪流经地表的方法，是一项大挑战。项目执行者试图找出让飞冷溪从它现在所处的雨水管中"重见天日"之法，但是解决土地污染的费用太高，预计成本超过 5000 万美元，因而无法实施。协助本项目的顾问研究出替代方案，方法是从离地表较近的天

举办社区会议给予居民许多机会分享他们的忧虑和愿望。

下飞冷溪用地经再开发与自然栖息地的复原后，项目组设想将泉水从洞窟导入新池塘。并以小径连接戴顿断崖、下城、布鲁斯·文托自然保护地，以及密西西比河边的下河滨公园。

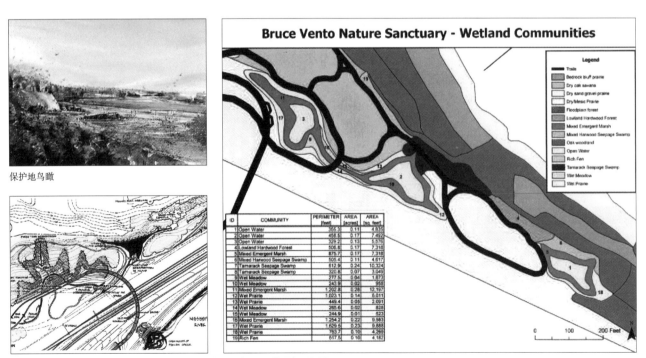

保护地鸟瞰

一座桥梁或桥隧（左）将连接保护地与河滨。上图为保护地内湿地群落的复原规划。

建议修建的小径将下飞冷与东城、下城和河滨相连，并将各处的小径相连接。

小径到达下城风景秀丽的第四街，将沿前吉列工厂及王子街而行。

然泉水中获得水源，也展现了这块土地能够提供开放水域和栖息地，吸引鸟类和其他野生动物回到都市来。

另一个重要目标是重新连接通往下城边缘的地区小径。合作各方制定方案，建立起一个小径中枢，让人们可以散步或骑车，从东城抵达下城和密西西比河，反之亦然。

这些方案也关注保护和解释许多历史和文化资源的重要性，瓦康·提比／卡弗洞窟对达科他部落意义重大，也被《国家历史地区名录》视为有价值的地标，受到细心保护。这块土地的酿造业遗迹和铁路历史，也都考虑在内。

所有这些特色都包含在《下飞冷溪社区愿景》(Community Vision for Lower Phalen Creek)中。不过，前方仍有许多挑战。

## 获得资金、场地控制、政治支持

若非强有力的居民参与，现在的布鲁斯·文托自然保护地可能早已沦为繁忙的卡车集中区或足球场，只留少许甚至毫无复原的河滨栖息地。社区伙伴们必须加快脚步以免土地转为他用，尤其是足球爱好者力争其成为足球场。不过社区指导委员会里也有许多喜欢足球的家长，他们认为其他场地更适合作足球场。

多年来，下飞冷溪项目获得市议员卡西·兰崔（Kathy Lantry）和克里斯·柯尔曼（Chris Coleman）、州立法委员及参议员埃伦·安德生（Ellen Anderson）的强力支持。不料，2000年足球爱好者却坚持在这片特殊的生态和文化之地上建球场，并援引一项法令，指定这块土地作为足球场地。该项目召集了它的政治支持者并修正法令，使该地不能用作足球场。此后，项目组转而着手下一个难题——为公园募款。

当这个项目开始引起关注时，委员会努力向"DNR都会绿道计划"和其他资源募款。合作伙伴们要求美国环境组织——公共土地信托基金会（Trust for Public Land）领导他们与伯灵顿北方圣达菲铁路对这块土地的购买进行谈判。通过信托基金会和其他合作伙伴的协助，这一项目赢得了来自不同私人基金会的投资。

明尼苏达州国会众议员布鲁斯·文托（Bruce Vento）是一位早期的支持

布鲁斯·文托自然保护地项目获得了数个州和国家的奖项。

者和坚定的环保主义者，他的去世对社区是极大的损失，却也激发了国会议员马丁·沙柏（Martin Sabo）和其他人为此项目争取并获得联邦资金。在沙柏的支持和文托的接班人、国会众议员贝蒂·麦科勒姆（Betty McCollum）的协助下，国家公园服务局拨款补上了购买土地所需的最后一笔资金。

这块地产的污染状况，以及有关清理的责任问题，使得交涉变得复杂。其次，从铁路公司购买土地也相当困难，完成这项购买行为，需要不断的努力。2002 年 11 月终于完成交易后，土地随即捐给了圣保罗市。

## 庆祝进展和解决土地清理问题

购买土地之后，社区对于保护地项目有了新的热情和认识。社区指导委员会获得了明尼苏达自然资源局的表扬。麦肯奈特基金会为它倡议的"拥抱开放空间"项目举行启动仪式，为住在保护地附近的儿童和家庭举办活动，并将这自然保护地列为大都会地区的十大"开放空间宝藏"之一。

麦肯奈特基金会在它的"拥抱开放空间"项目中，庆祝布鲁斯·文托自然保护地的成绩。

这片场地需要进行大规模的清理才能成为"保护地"。过去数十年它曾经是非法的丢弃场，整个区域堆满垃圾。许多人，尤其住在附近的人，包括年轻的苗裔美国人，极想协助清理它。下飞冷溪项目和明尼苏达自然资源局举办了多次志愿清理活动。自 2003 年起，从这个地点移走共计 50 吨的垃圾。其中有一次 100 人共同清理，贝蒂·麦科勒姆也到场加油打气。

移走地面垃圾后，接下来的工作便是清理土壤污染。这个项目和市府合作，从美国环境保护署的"棕地清理资助项目"（Brownfield Cleanup Grant Program）获得 40 万美元的清理资金。填补了清理的资金缺口，2003 年秋末开始进行污染处理。最严重的污染，例如石棉，移往危险废弃物设施场；其他地方则采纳顾问的建议，在受污染土壤上方铺上 4 英尺的干净土壤。

专家们一再地在这次清理过程中确认土地的文化资源没有遭到破坏。巨大的机械挖掘测试坑，考古学家跳入坑内将泥土一一筛过，检查有无人工制品，发现土中经常出现火车上使用的瓷器和其他的历史遗迹。最令人吃惊的是可以追溯至 1850 年代的旧北星酿酒厂的完整地基。该酒厂是圣保罗第一座酿酒厂，同时也是雅各布·施密特（Jacob Schmidt）努力经营的第一个事业。这个在保护地区划内的混凝土地基，按照保护规定，在记录后将其覆盖保留，以便尽可能将此地恢复成野生动物栖息地。

麦肯奈特基金会总裁瑞普·瑞普生（Rip Rapson）在"拥抱开放空间"典礼上向小朋友问候。

美国环境保护署（EPA）提供土地清理基金，这是一项成功的募款。

某些地区的污染严重程度超乎所有人想象，意味着必须改变湿地和其他地形的规划位置。在湿地和小溪铺上"黏土防渗层"以防止水的污染。位于瓦康·提比／卡弗洞窟之前的湿地，必须做大规模的重新配置。项目负责人和他们的达科他兄弟们密切合作，以确定湿地的设置真正反映居民的兴趣和关心。

土壤修复和场地分级耗费了几乎一年，也就是从 2003 年末到 2004 年末。当最后一辆卡车轰隆隆驶离现场，留下一片改变后的土地。水面上阳光闪烁，将繁盛的外来种植物移走后，显出漂亮的断崖面；公园内铺上小径，一座小瀑布传来潺潺流水声。保护地的架构建立后，所有旁观者，包括热情的项目支持者，对它的进展印象深刻。

## 来自开发方案的新挑战

当人们来到这片土地参观享受时，一块紧邻新保护地的小块土地的开发方案，却引发了使它降级的威胁。

当合作伙伴以社区愿景来营造保护地时，某开发商购买了一栋紧邻公园的砖造大楼，提议建造成一栋拥有 16 个单位的住房。起初这位开发商的兴趣在于可持续发展的设计，在于社区支持性的合作关系，而且可以分享设计范例和建造方法。然而几年来，新投资者加入开发商阵营，导致这块土地的规划案也跟着扩大。到 2004 年秋天，这个方案要求建造多个建筑物和 350 个住宅单位。社区各方合作伙伴认为这种规模的开发将会破坏保护地，于是组织工作团队研究该方案和评估替代方案，并委托建筑师米罗·汤普生（Milo Thompson）评估住房和解说中心的替代方案，同时和圣保罗

美国国会众议员贝蒂·麦科勒姆感谢志愿者的贡献，他们清除了 50 吨废物、挖起入侵的植物，同时以本地植物在保护地内造林。

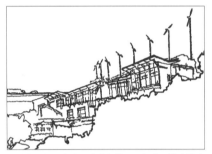

开发商最初的方案要求将保护地一侧的一栋建筑改建为16个单位的可持续设计住宅。后来的方案扩大到三百到四百个单位，遂引起社区的忧虑。

市议会主席卡西·兰崔以及其他人见面，让他们了解社区成员的担忧。

工作团队和国家公园服务局，针对这个区域进行气球测试——在园区不同地点升起一颗红色大气球，从旁边用地的不同角度拍摄照片，以显示未来的建筑物将以何种高度呈现在那块用地上。这些照片显示出，提案中的4层和6层建筑物，将在视觉上占尽优势，同时削弱对公园的体验。

社区团体和开发商会议经过数小时的讨论，开发商显然认为，唯有密集开发才能符合他们的最底线。社区团体给兰崔议员写信，表示社区无法支持在保护地旁兴建大量住房，更进一步建议市府购买与公园建设相关的土地，作为解说和自然中心，以及其他有助于配合儿童和家庭活动且不会对保护地带来负面影响的使用方式。此后这个团体开始宣传这个新愿景。

## 保护地开幕

社区合作伙伴于2005年5月21日在布鲁斯·文托自然保护地举办庆祝会。借这次开幕向许多人表示感谢，感谢大家共同合作创建这座公园并为完成这一项目给予的支持。社区指导委员会也计划将开幕式作为保护地下一阶段的行动起点。委员会请专家制作美丽的水彩画，展示未来在邻接土地上的解说中心，并在开幕之前，拜访许多政要，希望他们到场致辞。

活动当天大雨滂沱，但出席者依然踊跃，包括那些准备上台演讲的人——州议员米·莫厄（Mee Moua）、市议会主席兰崔，以及来自明尼苏达自然资源局和国家公园服务局的伙伴们。自然保护地入口设置了帐篷和讲台，向大家表示欢迎，旁边就是委员会所期望的解说中心选址。莫厄充

借助气球测试（左），国家公园服务局帮助社区评估建筑高度所产生的影响。下飞冷项目组也借助都市设计研究（右），评估靠近保护地稠密的住房开发所潜在的各种影响。

双子城报纸对社区倡议的自然保护地进行报道（《明尼苏达明星论坛报》，1998年2月12日）。

满热情，表示恶劣的天气让大家同在帐篷当中是因为"这样的项目得以成功，正需要把许多人聚集在同一顶帐篷之下。"

达科他兄弟为这片土地送上祝福，并将他们对这块土地的情感融入他们的文化中。布鲁斯·文托后代述说他令人感动的传奇。许多人第一次来到公园，同时也开始了解这个将邻接地区开发为解说与自然中心的愿景。这次活动激发了很大的热情，几天后，米·莫厄为了解说中心，向州议会提出一项债券申请。

公园开幕那天超过300人到场庆祝，不少地方报纸、杂志，以及电视台，都制作了有关保护地的宣传报道。更多人认识到建造解说中心的价值，家庭、儿童、市民可以在那里了解到保护地的生态与历史资源，以及它对于美国原住民社区的价值。

## 为下一章准备

自从保护地开幕后，这个团队继续进行位于公园旁的解说和自然中心的工作。州债券申请虽然在2005年的会期中未能成功，但2006年再次提出，使连接小径获得了相应资金。圣保罗市在规划方面是个活跃的合作伙伴，新合作伙伴如圣保罗奥杜邦学会（St. Paul Audubon Society）也加入这项工作。

在与足球利益集团斗争期间，总是致力于环保议题的市议员克里斯·柯尔曼（Chris Coleman）始终支持保护地规划。2006年当选市长以来，他通过下属干部要求圣保罗公园暨娱乐局正式认定邻接保护地的土地保留作

公园开幕式引起本州、本市、数个基金会，及美国原住民社区的关注与支持。

社区庆祝布鲁斯·文托自然保护地在 2005 年 5 月底开幕，尽管是个初雨的日子，仍吸引了许多民众参加。

东城青年维护队志愿者协助复原工作。

为公园之用，以抵制土地投机。每当开发商试图接触时，社区指导委员会就会清楚告知这块土地将用于解说中心的规划。

每年都可以见到栖息地生态的改善，以及公园的自然之美。社区设计中心的东城青年维护队，由来自老挝的移民家庭组成，卖力地在公园种植树木和草皮。维护队对自身的参与感到自豪，它的成员都是有力的项目宣传人。2005 年 10 月，维护队因其积极参与，社区指导委员会因其志愿奉献，而共同获得"美国自豪奖"（Take Pride in America）。

"下飞冷溪项目"召集了一个包括达科他合作伙伴在内的解说咨询团队，开发各种标示牌，以宣传保护地的历史。在一位艺术家和社区指导委员会建筑师成员的志愿支持下，团队制作了一个艺术性的"标示圈"，一圈标示牌树立在发现该地的石灰岩块上。"下飞冷溪项目"又在密西西比河基金和其他的私人基金会找到资助，于 2007 年夏天安装了这些标示牌。位于公园入口处的"标示圈"，欢迎游客、宣传这片土地的历史、提供保护地的地图，以及展示该地区鸟类照片和其他信息。

小径开通是另一个社区庆祝场合。

## 新的小径延伸和庆典

与圣保罗公园暨娱乐局合作，并获得国会众议员贝蒂·麦科勒姆的支持，下飞冷溪联盟利用来自联邦高速公路管理局的运输强化项目的资金，协助准备一项连接布鲁斯·文托自然保护地与戴顿断崖及下城街区的小径规划。新的小径连接完成，并在 2007 年 7 月的社区庆典上正式开放。

来自下城和戴顿断崖的自行车骑士和散步者、居民、艺术家，一起

连接东城和下城的小径提供了一个吸引人的骑车和步行路径。

美国众议员贝蒂·麦科勒姆向居民、骑车人、步行者、音乐家和艺术家致辞，庆祝小径的开通。

邻接保护地的断崖。

聚集在小径上庆祝开通。由下城艺术家献上的爱尔兰音乐和美丽的保护地风景画作，使得这项活动成为生动活跃的庆典。这项延伸工程连接这一区85英里的小径，创造了骑自行车和散步的空间，更惠及数千居民的健康。

## 连接河滨与断崖

与国家公园服务局的合作中，"下飞冷溪项目"利用桥梁或隧道发展出数种介于保护地和密西西比河下河滨公园间的小径连接方式，并期望能取得大量联邦拨款或其他资金支持，好让这个盼望已久的连接能够延伸到密西西比河滨。

美丽的断崖与圣保罗及河川本身的风光激发人们想到将保护地和100英尺高的芒兹公园相连接，并研讨各阶梯连接的备选方案，以确保脆弱的断崖不致受损。

介于保护地和下城之间的旧吉列工厂是个配有停车场的闲置大仓库。负责该地块再开发规划的市府项目组，包括LRC总裁，都敦促市府将它开发为保护地与创意社区的补充，以一条绿带将开放空间从保护地扩展至下城。

## 解说中心

与圣保罗市、明尼苏达州密切合作，并得到下城未来基金的支持，项目组草拟多个方案，即改造既有的仓库以适应新用途，并建造一栋新设施。期望这些方案能够清楚地表达社区对解说中心的愿景。

这个社区设想建一座临近保护地、为家庭和孩子而设立的自然与文化解说中心。

其后市府亦获得大都会政府的资助，并收购附近土地作为解说中心用地。项目组帮助市府取得进一步的资金以清理场地，评估更新既有大楼的可行性。就在同时，项目组与感兴趣的合作伙伴进行自然与文化多元教育中心的开发工作。借着麦肯奈特基金会的资助，保护地指导委员会完成发展战略审查，并组成 501c(3) 组织以执行今后的工作任务。

即使布鲁斯·文托自然保护地的愿景一一实现，许多工作仍会继续下去。每年春天都带给这个特别的地方一些新的愿景，而参与此实现过程的合作伙伴们共同的期望是：世世代代都会享受这个保护地，因为它的自然美会不断呈现。

## 取得的经验

将废弃的铁路货场转型为布鲁斯·文托自然保护地一事，启发了许多的人和组织。然而并非仅依靠一个秘方即可使这一项目成功，应该指出以下十大因素为它的完成做出贡献：

1. **领导创建布鲁斯·文托自然保护地的社区成员确有重要技巧与真诚的热情**。早期成功建造斯韦德·霍洛花园（Swede Hollow Park）使东城居民能够进一步塑造他们的社区。其次，联盟引进了能够让这个项目成功、具备所需技术和经验的专业人员。社区指导委员会成员包括一名艺术教授、一名建筑师、社区组织者、一名历史建筑保护专家及都市规划和开

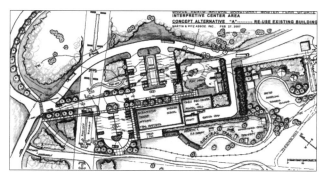 

一个用来为家庭和孩子解说这片土地的自然和文化的中心，完成后将是社区的巨大的财富。

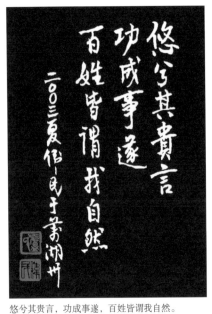

悠兮其贵言，功成事遂，百姓皆谓我自然。
——老子论领导
伟民书于 2003 年

发专家。

2. **尽职尽责的工作人员，他们深爱环境并有良好的沟通技巧，这是成功的重要因素。**

3. **麦肯奈特基金会对自然保护地项目的持续支持至关重要。**它的资金支付工作人员薪水，让他们得以推动项目、协调合作伙伴、协助募款，以及进行其他需要不断努力，并且难以以志愿者模式完成的工作。仅有两位半职人员在家工作，使这个项目在最低的经费支出下向前推进。

4. **自然保护地的建成是圣保罗东城与下城之间共同努力的成果，而非单一社区的工作。**传统上，社区和市中心利益团体鲜有合作。LRC 的参与提供了可信度（依靠过去的成就）、规划过程的资金支持，以及愿景、坚持不懈、领导力和长远的眼光。

5. **政治技巧很重要。**联盟设法与新选出的市议员、市长一起讨论这个项目，每当到达一个里程碑时，都不忘向参与的政治领袖们表达谢意。设法和领导搭上线，帮助该项目避开官僚作风，并在奋战期间获得支持，就像在与足球利益团体及投机者抗争时。

6. **布鲁斯·文托自然保护地这类项目需要长期全心努力。**LRC 在 1997 年

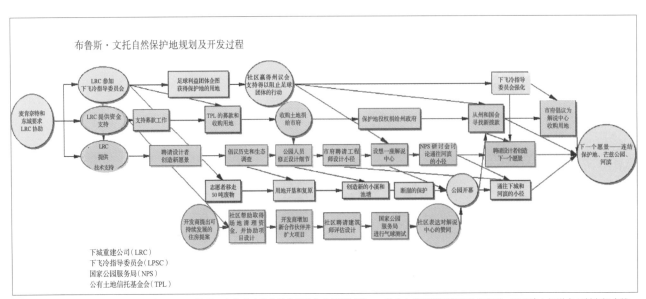

布鲁斯·文托自然保护地的规划／开发———项与社区和许多合作伙伴共同合作的长期过程——并为今后连接河滨和芒兹公园，以及建立解说中心制定好步骤。

自然保护地与河滨启发了包括约书亚·康宁汉（Joshua Cunningham）在内的艺术家，他的作品《创造一个公园》捕捉了青年队员工作时的场景。

加入这项工作，在取得土地之前，已经做了五年多的工作；又过了三年，数百次的会议和数千个小时，公园才开幕；小径又耗费另外两年时间。LRC 和合作伙伴们投身于这个项目超过 12 年。未来仍需不断征召新领导人和结识新合作伙伴；LRC 未来基金从未间断地资助这个项目。

7. **以渐进的步伐达成战略性的、长期的愿景是很重要的。** 很多项目注重短期获利。"下飞冷溪项目"达成两个阶段，第一阶段是建成保护地和连接东城与下城的小径；第二阶段，即未来长期愿景，则是建立解说中心，和建设保护地及上方断崖与密西西比河之间的有效连接。那会改变东城和下城。

8. **赋权居民并在社区培养领导，可促成最成功的合作模式。** 除非社区的需求、关心和梦想成为工作的一部分，否则参与的团体无法达到最佳的结果。社区指导委员会帮助社区成员完成项目，同时也认识到他们对保护地的梦想，愿意协助他们为实现梦想而奋斗。

9. **募款是关键，募集来自政府和社会资本的资源，必须付出艰苦的努力。** 明尼苏达自然资源局为这个项目提供了第一笔重大的资助，麦肯奈特基金会也参与且见证了保护地的成功。圣保罗基金会资助这个项目，并在它的时事通讯中宣传保护地。借着说服公有土地信托基金会参与土地收购，项目受惠于国家级的支持者和其他的资助。LRC 为最初的项目方案提供资金，以及在一次紧急状况下提供了一些快速相对资金，从而避免市府失去一项较早获得的联邦补助。为了解说中心，下城未来基金提供资金对该土地上现有建筑物的更新做可行性研究，

（从左至右）约瑟夫·帕克特（Joseph Paquet）的《密西西比河之春》、汤姆·哈什沃尔特（Tom Harsevoort）的《文托公园探索》、理查德·亚伯拉罕（Richard Abraham）的《平衡》都是在下城未来基金支持下在市政府及黑犬咖啡馆展览的部分展品。

道法自然
——草书，王冬龄，1990 年

创建这个自然保护地是基于真诚合作的工作，起于许多人的爱心。这些邻居是真正的英雄。他们看到这个地方的潜力，而把我们聚集起来实现它。

现在我们都可以在这个地方找到保护地，对于这么多的文化和几代人而言，它是非常重要的。

——科迪莉亚·皮尔森
（Cordelia Pierson）
公有土地信托基金会

以及展示由本地艺术家绘制的保护地景观画作。国会众议员贝蒂·麦科勒姆也帮助这个项目争取到联邦资金。

10. **向公众广泛宣传项目构思，极有助于推进项目目标的达成。**有关自然保护地重要性的报刊评论、在公开活动中进行展示、在节日和庆典活动中进行宣传，以及举办盛大的公园开幕庆典和小径剪彩仪式，这些都有助于赢得更多的公众支持，同时提供论坛来感谢他们。一顺百顺。

布鲁斯·文托自然保护地是 LRC 在下城的再开发工作中令人激动的组成部分，它从属于整个"河滨花园规划"。这一规划旨在将圣保罗联合车站转型为多式联运终点站、开拓河滨地带、建立一座解说中心，以及将它与密西西比河滨与戴顿断崖连接在一起。

同时，他们还为在圣保罗中心建设下一个城市村庄——近密西西比河、前所未有的宜居、创意、可持续发展的环保村，设定好了架构。

在 LRC 未来基金的支持下，社区设计中心在布鲁斯·文托组织了一个摄影论坛，在那里，获奖的下城知名摄影师里欧·金（Leo Kim）为 42 个热情的青少年实习生授课。大都会州立大学在 2011 年 9 月展览了他们的作品。中间的照片是李耀（Yao Lee）的作品；右边则是埃利斯·威伯利（Ilyas Wehelie）的作品。

# 第七章　河滨花园

复建车站与开拓河滨

下河滨，1864 年。

　　从最早期开始，密西西比河就使圣保罗拥有优美的都市景观。这条美国最大的航道与圣保罗市不可分割地联系在一起已超过 150 年，协助这座都市的早期成长、塑造它的发展，现在更决定它的未来。然而这里再没有其他街区比下城更紧密地和这条河流连接在一起。

　　下城的名字起源于"下河滨"，那是沿着河边一块平坦、易进出的地方。该地的船只和汽船定期进行交易，使得圣保罗在 19 世纪成为主要的商业中心。对国家而言，密西西比河是运输的主干线，这里正是詹姆士·希尔启动他事业生涯的起点。当他将轮船经营扩张到铁路时，利用这个开阔的河滨区域，将轮船的经营整合进新建立的铁路货场与以地面为基地搬运货物相结合的新系统。

　　土地与河水在河中形成一个明显弯道，负担着运输的任务，将源源不断的人，尤其新移民，以及木材、牲畜和谷类运至上中西部，它的活力和能量，在充满 19 世纪坚固的红砖工业建筑及仓库建筑的街景中留下印记。现在，这些建筑与现代办公室和公寓大楼已混杂在一起了。

　　下城是大都市圣保罗市的出生地，但是当都市围绕它和离开它发展时，这个具有历史意义的区域在社区生活中衰退了。到 1970 年代，这个曾经繁华一时的街区，仅剩空荡荡的仓库和垃圾满地的停车场，仅存过去的鬼魅而已。更严重的是，此地仅存的少数景点之一——美国国铁车站，也放弃了它，迁至位于圣保罗和明尼阿波利斯市中心中间的一处地方作为新地点，留下空无一人的车站。

　　即便位于优越的河滨位置，下城是否能够拥有更新和更精力充沛的生命，尚不得知。1976 年新选出的市长乔治·拉蒂默改变了这一切。他认

圣保罗铁路时代，1880 ～ 1920 年（左）；1886 年的圣保罗市（右，下河滨和下城在右上部）。

1970 年代，下城大多是闲置的仓库和停车场。

识到更新这个地区的潜力，即向麦肯奈特基金会寻求资金资助。深受拉蒂默的建造住房、创造就业、保护该市文化遗产之愿景启发，1978 年基金会在"项目相关投资"中拨出 1000 万美元，主要是贷款，并要求成立一个独立机构来执行这项任务，也就是下城重建公司。在它 30 年的历史中，更熟悉的称呼是 LRC。

LRC 对下城的愿景是，在创建全新且别具吸引力与魅力的城市村庄时，一步步地保留它过去最好的东西。多年来 LRC 保持着不排除任何可能性的开放心态，寻找任何可能带给下城新生命和活力的方案，来发展此愿景。它的领导从其他都市带来广泛的重建经验和观点，显然有益于圣保罗市的发展。

在 LRC 不断发展的愿景中，其中一个重要部分是利用街区与密西西比河的独特联系，并且将河滨忙碌的工商区转变为"河滨花园"，提供绿色空间、娱乐区域，以及其他生活与工作、学习和娱乐可能共存的地方。

为了实现这个愿景，LRC 为下城描绘了一幅宏观蓝图，通过多重合作模式——与联邦、州、地方政府官员、开发商和投资者、感兴趣的市民及市民组织，以及其他下城的利益相关者一起，为各个街区建立具体的设计规划，将这个地区营销给投资者和开发商，接受适当的风险，填补融资缺口以满足各个项目的需要。

起初 LRC 缺乏自信，最大的挑战在于寻找机会。多年来，通过持续说服对手，并愿意承担风险，同时谨慎管理原始资金，小心投资，在各种情况下，尽力将财务杠杆极大化。

*长远的规划并不处理未来的决定，但处理现在决定的未来。*

*——彼得·德鲁克*
*（Peter Drucker）*

## 拯救和复建联合车站

具有历史意义的圣保罗联合车站是下城最显著的建筑物，它最初为河滨花园愿景的支柱，最后却撑起整个新城市村庄建设。这座车站虽然长期闲置，却规规矩矩地坐落在街区的中心与河滨之间，它可以成为两者的关键性连接，也可能成为新社区取得成功的最大障碍。

圣保罗联合车站当年被设计为该市的新运输中心。车站的建设工程始于 1917 年，1923 年竣工，取代了从 1881 年起服务圣保罗的旧建筑物。多年来这个车站虽然是本市的地标，可是当铁路运输因汽车和卡车运输的

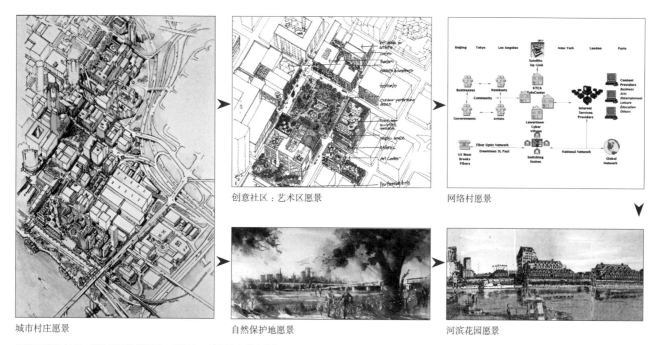

创意社区：艺术区愿景　　　　　　　　　网络村愿景

城市村庄愿景　　　　　　　　　自然保护地愿景　　　　　　　　　河滨花园愿景

虽然 LRC30 年来一再为下城设想愿景，但活力四射的城市村庄始终是它的核心。

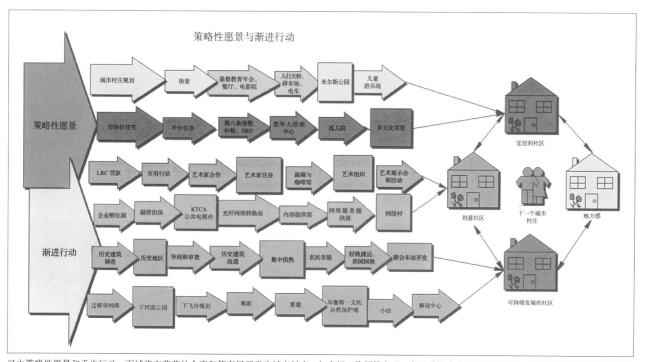

经由策略性愿景和千步行动，下城将空荡荡的仓库和停车场开发为城市村庄。如今新一代领导出现，在开明的政治领导的支持下，他们将建立河滨花园与下城的下一个愿景——宜居、创意、可持续发展、绿色的城市村庄。

1970年代末期，当美国铁路迁移到圣保罗的中途区，联合车站就遭到闲置。

扩张而进入衰退期，对铁路枢纽中心的需要也随之减少。1971年遭永久关闭。对它的保留固然有许多争论，早期打算将圣保罗联合车站列入《国家历史地区名录》也未成功，但为了再开发而将它拆除却实有风险。

这栋令人印象深刻的、新古典造型的车站建筑，不像同期其他都市车站处于全然毁坏的状态。它巨大的外部列柱和大厅，依旧展现出早期美国铁路车站的壮丽。振兴这座特殊的建筑，并恢复它在社区中的地位，需要通过社区莫大的努力，以及LRC的推进。

和大多数保护工作一样，为这个车站找出适合的再利用方案是一项大挑战。LRC对许多想法都保持开放，并耐心寻求不同的方案，同时不断设法找出最佳解决之道。有一个复杂的情况是，邻接的美国邮政局（USPS）因空间不足，已经扩张到车站的中央大厅，而且将楼层较低的前旅客月台改为卡车码头。

为了设法找出联合车站的新用途，LRC在1981年聘请了一位顾问，对整个下城区域进行史迹调查，最后确定提名它候选历史地区认定。1983年，包括车站在内的16个街区名列《国家历史地区名录》之内。这一认定保护了车站厅堂和所有在这个区域内其他的历史建筑，对它们的改造都符合联邦税收抵免的资格，这对历史建筑保护和开发是个强有力的激励。

回顾起来，那个步骤似乎小而平淡无奇的，但在那时，它是一项重大的政治胜利。将大部分的下城认定为历史地区，让圣保罗的文化遗产和下城的历史魅力得以保留。LRC建议州和市政府的不同部门，对于已经提出的历史建筑改造项目同时进行审查，以节省时间；对于创意设计方案采取开放态度，但也不忘尊重旧建筑。

拯救／复原联合车站是LRC最初的目标之一。首先确保这个区域被认定为历史地区后，它为开发商提供贷款担保，帮助他选择建筑师，同时为车站一层招募数家餐厅。

在认定为历史建筑后，LRC 的第一项工作是支持联合车站厅堂的改建，给新开发商提供融资担保，也协助为该项目选择建筑师。

圣保罗联合车站今天所享有的，远多于辉煌的过去。它先前无法预见的重建，许诺了一个更光明和更有价值的未来。在拉姆希县的领导下，市、县、州、联邦政府的干部成员和 LRC 一起组成车站选址调研组，共同制定出一个规划，给予联合车站新的生命，使它成为地方性的多式联运枢纽，包括把美国国铁的乘客服务带回下城，并为车站创造一个全新的角色，让它成为近 10 亿美元、有计划的、连接圣保罗市中心和明尼阿波利斯市中心的中央走廊轻轨捷运的东部终点站。这项规划也建议，圣保罗联合车站应作为提案中的红岩线（通往明尼苏达州哈斯汀，再延伸到芝加哥）的北部终点站。

## 愿景与坚持

LRC 塑造下城的新城市村庄的历程，包含了数千个步骤，纵使每个步骤都很小，但对于一个成功的结果来说，却是关键性的。它的工作特点是合作，也就是在长时间内和许多人一起合作——既是竞争者又是合作伙伴——并且有跨学科的专业团队支持。在整个过程中，当市场波动时，也可以见到它的跌宕起伏。当市府管理层和市议会改变时，往往带来各种问题、不同的发展重点、各种机会和挑战。

虽然 LRC 的全球性愿景保持不变，但它仍继续寻找下一个更好的构思。一旦发现或有人建议，最好的构思便成为它工作的重点。结果就是今

被认定为历史建筑保住了车站厅堂和其他建筑，而且让它们具有历史建筑改造项目税收抵免资格，以助发展。

天的下城，一个依靠战略性愿景、渐进行动、持续努力、适度发展而开花结果的社区。

下城的正向改变，一再证明 LRC 坚定不移的方法自有其智慧：在过程的早期创造全球性的愿景、吸引投资者、建立广泛的社区支持；只要有可能，任何时候都选择合作，而非对抗。一开始便评估可能性，为投资缩减的地区发展新的愿景、创造新市场、让人们相信这个愿景、填补融资缺口以减少投资风险、协助项目审查，以及增加投资者对这个区域的信心。

最重要的，过程中的每个步骤，LRC 都设法将希望和热心的精神，灌输给每个参与者。目标在于建立新联盟，并维持稳定聚焦，将城市村庄的愿景从观念向现实推进，最后达到实现。

*活跃、形式多样、热情的城市包含着它们再生的种子。*

*—— 简 · 雅各布斯*

## 以战略性愿景与渐进行动，建立宜居和创意社区

精心绘制的 LRC 蓝图，结合了宏大想法和细小步骤——一个广阔的战略性愿景经由渐进行动完成，这些行动包括：

· 获得联邦资助，得以在下城超过 9 个正方形街区内，安装以历史为主题的街灯，给予街区独特又鲜明的标识。这个项目一实施即让人们认知到这个区域是该市值得保护的特殊历史地区，也为下城创造了一个标志，30 年来将下城营销给投资者、开发商和预期中的居住者。

· 重新设计，将米尔斯公园从"破旧砖场"转型为新的"公共村"，人们可以在那里漫步、相约，因而吸引了许多企业和居民。

早期安装的以历史为主题的古街灯（左）给予下城独特而鲜明的风格。米尔斯公园（中、右）从破旧砖场转型为活跃城市村庄的公共广场。

· 将几栋位于米尔斯公园四周、具有历史意义的仓库改建为住房、办公室，以及随之而来的餐厅，让投资者和开发商看到该区的变化，认识到那里的新机遇。

LRC 运作的前十年，充分利用小额资金为杠杆，吸引超过 3.5 亿美元的新开发资金；同时也为河滨其他区域的再开发进行设想和规划，包括布鲁斯·文托自然保护地应有的模样。然而在圣保罗联合车站附近进行再开发时，该项社区资产仍旧是个等待着大放光芒的地标，也是 LRC 制图板上一系列未完成的素描。

一次又一次，LRC 参加市和县官方举办的专题研讨会，对河滨的再开发制定出多种方案。LRC 对这个区域最初的愿景出现在 1980 年代早期，经过十年的广泛研究，为河滨花园的开发提出了更全面的设想。

在这个规划中，计划建设一个新的河滨艺术中心、林荫大道、创意艺术区、码头和适合目前街区的住宅（不超过 10 层高）、高科技和计算机产业用的办公及实验空间，还有一个冬季花园。总而言之，那是一个雄心勃勃的尝试，将圣保罗市具有历史意义的河滨进行激动人心的改造。

## 有关可持续发展的早期行动

"河滨花园规划"从早期开始便秉持可持续发展的理念。它借着建立地区供热系统、大范围改造既有建筑、通过阳光封套（solar envelope）重叠在分区制上以保护建筑采光等做法，实现这一规划。LRC 也支持本地种植的

随着米尔斯公园的复建，将附近的旧仓库相继改建为住房、办公室和餐厅。

LRC 帮助市府在 1983 年启动了圣保罗集中供热系统。今天已供给 3100 万平方英尺的建筑。

食物，于 1980 年代为一个新市场寻找地点和资金，并在 20 年后协助其改造。基督教青年会设施、自行车道及人行天桥的工程，使得下城变得适宜行走，同时促进建立一个健康的社区。

1983 年，LRC 为协助市府建立区域供热系统，在下城募集了 17 栋历史建筑参加，它们占了 24 栋区域供热系统建筑的一大部分。此后这个系统扩充到 190 栋建筑，供给超过 3100 万平方英尺，覆盖 80% 的市中心和邻接地区。鉴于这项成功，1993 年启动了区域制冷系统，如今可供给市中心 60% 的建筑。

根据美国历史保护咨询委员会的研究发现，建造 5 万平方英尺的建筑需使用 800 亿英热单位，或者 64 万加仑的汽油。拆毁它则产生 4000 吨废弃物，需要 26 辆有盖铁路货车将它运往早已垃圾四溢的填埋场。通过大量修复转型，LRC 保留了 330 万平方英尺的仓库建筑，等于节省了 52800 亿英热单位，或者 4200 万加仑的石油。拆毁这些建筑会制造 264000 吨废弃物，或者 1716 辆有盖货车的垃圾。此外，美国国务管理总署 1999 年的一项研究发现，拥有厚墙的历史建筑，经妥当更新后，可以比现代建筑少消耗 27% 的能量。

"河滨花园规划"所提供的改造设计，是在一个"宜居的冬季都市"里，建造一个完全适合步行、高度可持续发展的新街区。即便这个愿景如此令人兴奋，但对于下城的未来如此重要的事情，还需经过另一个十年的不断尝试、决心和运气，才能上轨道。

集中冷气系统启动于 1993 年。今天扩展至 60% 的市中心区。两个冷气塔之一建在北区。

世界上越来越多的人开始担心气候变化、环境恶化、能源和无可替代的原料资源的大量消耗……历史建筑保护总是最绿色环保的建筑艺术。

——理查德·牟（Richard Moe）
全国历史建筑保护信托前总裁

保护并改造 330 万平方英尺的仓库相当于节能 52800 亿英热单位，或者 4200 万加仑的石油。

支持农民市场、支持当地生产的食物（左）、重建米尔斯公园（中）、创建下河滨公园，将棕地开发为布鲁斯·文托自然保护地，建立雨水花园（右）、借着自行车小径连接下城和东城等，全都是下城可持续发展战略的一部分。

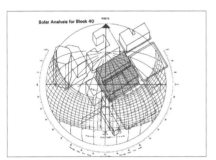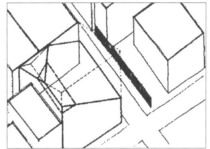

40号街区开发中为加尔捷广场大楼所做的日照分析：LRC主张将"阳光封套"作为重叠区，以充分保护建筑的采光（平面草图，左、中）。在下飞冷区建造雨水花园以善用雨水是全地区可持续发展战略的一部分（右）。

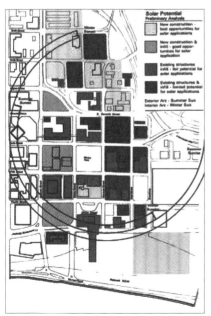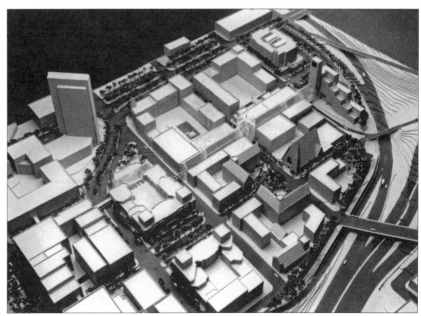

LRC在它的城市村庄规划中评估下城的太阳能潜力（左）。在北区（右），它建议地区集中供热、住房沿冬季花园（室内步行街）而建，并充分利用太阳能。

"河滨花园规划"捕捉壮丽的河流风光，并善用联合车站和邻接它的土地，也符合机场航区和洪泛区限制。

改善黄金时机和抓住个人所能触及的善行，*此乃伟大的生命艺术。*

——塞缪尔·约翰逊

（Samuel Johnson）

# 河滨花园的愿景

LRC 的构想开始于探索密西西比河河畔土地的使用潜能与限制。积极地说，这个地区提供广阔的河滨、河川及断崖的壮丽景致、美国邮政局停车场上空的开发权，以及邻近市中心商业区等优势。而河滨的停靠点，将是圣保罗联合车站的终点大厅，或车站厅堂，以及通向轨道的大厅。

其中有些限制，包括河对岸机场航区对于新建筑的高度限制、洪泛平原的开发规定、铁轨及日常铁道交通量。不过，LRC 相信，只要仔细地研究和其他合作伙伴的协助，它能够处理所有的限制，同时找出创新的方法，解决任何可能发生的问题。

在完成研究后，LRC 决定将广阔的河边空地做最大化利用，和最便利的进出。它主张把主要干线"华纳路"往内陆迁移，从而腾出空间建造一个 30 英亩的新河滨公园。1995 年，下河滨公园和一条漫长的河滨小径竣工，为社区提供了重要的新康乐设施。

LRC 虽然建议造一座高架天桥以确保行人能够便利地从华纳路的北侧越过铁道线和下飞冷溪到达河滨，但当时未被采纳（数年后，当时的副市长自认当时决策错误）。最后，道路建造在河堤上，事实上，这样的做法不但遮蔽了河川景色，也使人难以走近。河滨与公园仍在等待建造一座桥或隧道，以便提供完整的行人和自行车通道。

LRC 首次提出加入住宅以利用河川景色，同时继续设法将圣保罗联合车站整合入规划之内。在整个规划过程中，LRC 殚精竭虑，思考如何创造一个宏伟的、具有象征意义的河滨建筑，不但强调下城丰富的历史，还能标记它是下河滨的诞生地。

1996 年建造的瑟柏里大道是与圣保罗公共事务部合作的众多工作之一。它提供一个新的连接，从河滨通往下城、米尔斯公园，以及儿童游乐场。这条大道获得明尼苏达州运输部 75 万美元的资助，经历两回合非常激烈的竞争，市府才赢得这一资助。这个项目协助清理铁路地道和人行道，并且在人行道上加装具有历史意义的照明设施和公共艺术。今天，这条大道成为下城转变为城市村庄的另一个象征。另一个社区资产儿童游乐场，则变成在这个孩子逐渐增多的街区中广受欢迎的都市游乐场。它是由 LRC 协助设计并给予资金，并与圣保罗公园暨娱乐局共同努力的结果。

将华纳路往内陆迁移，建造出 30 英亩的下河滨公园与河滨小径。

吉列厂址和邻接用地可以提供空间给艺术家、高科技开发企业、住宅、社区公园、太阳能电厂。

河滨花园规划。将联合车站规划为多式联运终点站，通过轻轨连接圣保罗与明尼阿波利斯。住宅区、码头、冬季花园和创意中心与布鲁斯·文托自然保护地相连。

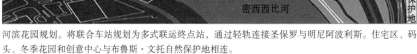

"河滨花园规划"符合机场航区对河滨设定的高度限制（右）。借着码头、冬季花园、联合车站相互临近，"河滨花园规划"规划出一处集住宅、办公和艺术空间开发于一体的场地（左）。

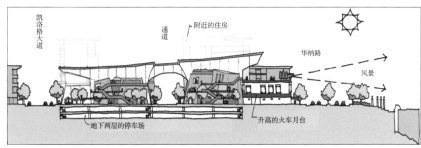

这个规划建议在河滨建立一个创意中心和邻接联合车站的冬季花园。

生命是一系列和未来的碰撞；它不是我们过去的总和，而是我们渴望的未来。

——何塞·奥尔特加·加赛特

（José Ortega y Gasset）

## 建立在成功之上，从挑战中学习

LRC 相信，它应该从精选的、成功可能性高的项目开始，即那些不会招来重大争议，也不必面对巨大阻碍便能完成的项目。有些项目显出真正的潜力，它能够创造地方感，同时也和这个社区的既存风格相融合。它们的成功和得到的支持，为往后进行其他更困难的项目和开发，提供了势头。

这一信念，以及查阅其他都市重建铁路车站的报告，提供了一些经验。有很多较小的城镇将闲置的、具有历史意义的车站转型为办公室、餐厅、游客中心，以及艺术画廊。较大的都市则尝试节日市场的概念，混合了餐厅、夜间娱乐、宾馆、商店，以及博物馆。LRC 认识到，为保护和使用联合车站，就必须找出圣保罗独特的解决方法，而且还必须依据当地需求、机会，以及挑战。

这个车站业已进行了某些改变。受到下城早期成功案例——改造公园广场中庭大楼和启动巨型、多用途、高层的加尔捷项目——的鼓励，一个私人开发商购买了联合车站售票处及候车处的厅堂。在 1978 年向麦肯奈特基金会所提出的方案中，市府官员主张将它转型为商品市场。LRC 和市府官员、顾问共同探讨其他的可能性，最后协助在厅堂内建造位于一楼的餐厅、咖啡馆、活动场馆，位于二楼的办公室和电视演播室。

在 LRC 的鼓励下，本地的中国餐饮业者陈丽安在车站厅堂开设第二家店面，立刻获得成功。不仅迅速回本，最后甚至发展到 40 家连锁餐厅的规模。另一家希腊餐厅克里斯多斯（Christos）也是 LRC 招募来的，直到今天依然是这里的成功典范。此处也会举办婚礼和其他活动。

这些人气景点的增加，使得下城对于游客和预期的居民更具吸引力。联合车站的独特环境和乡村气氛，将小企业和本地的企业家吸引到这个街区来。其中几个企业发展成大型企业和重要的雇主。LRC 经常提供财务协助、设计建议、营销创意给这些公司。

联合车站厅堂的新业主因在其他开发上的过度扩张与租赁不顺而摇摇欲坠，导致陷入财务危机、必须放弃这一项目。2003 年因破产被新开发商收购，不久后，这个建筑中一楼的一部分和二楼的全部转型为住宅，大中庭保留给零售店、餐厅、婚礼，以及其他用途。

联合车站大厅提供了特有的开发机会。LRC 探索适合的用途，同时抵制不适合的用途。

计划在联合车站大厅设置交通博物馆，在 LRC 协助下一度获得市府的支持，但博物馆未能提出相配合的资金，计划胎死腹中。

中央走廊轻轨捷运运输系统（Central Corridor Light-Rail Transit System）的路线规划，其中一条从明尼阿波利斯到联合车站前方，已取得州和联邦的相应资金，项目正向前推进。美国国铁将迁回邻接的大厅，也就是它原先的所在地。通勤火车和规划好的公交车路线亦将使用这个车站，交通量大为增加，所以联合车站将成为重要的多式联运枢纽，也更吸引商店、餐厅和其他商业入驻。

在规划过程中，LRC 从不曾忘却终极目标——创造一个珍惜创意、支持创业的环境；一个满足社区各种需要，且为市民提供精神食粮的设施。

## 找寻相容的，拒绝不相容的

有时候会有意外的开发机会，貌似会给社区带来很大的福利，实则不然。其中之一是希望在圣保罗联合车站大厅创建一个大型画廊，以给一位意大利伯爵的现代艺术 "潘萨收藏"（Panza Collection）提供场地。这位收藏家走访了美国和欧洲的许多都市，寻找免费场地。也想将圣保罗联合车站用来展示他的收藏品，并且要求 100 万美元以上的资助。虽然原则上 LRC 支持艺术活动，但它判定这项提议的目的主要是通过公开展览提高私人收藏的价值而已。基于有限的资金和其他因素，LRC 无法为这种用一大笔公共资金补贴私人物品的例子辩护。虽然这个决定并不容易，它仍然决意拒绝这个提议。

另外一个提议要求联合车站提供场地给交通博物馆，对这个原来的火车站而言，初看是个妥当的利用。博物馆的组织方和美国一个很大的家族基金会有密切的关系。LRC 认为这个提案有优点，于是和市府官员合作，共同审查所提出的博物馆设计，协助博物馆获得 300 万美元的市府资金。但是经过一年的努力，资助博物馆的这个组织却无法获得融资。

由于交通博物馆计划失败，市府所拨下来的款项便转给明尼苏达儿童博物馆，该馆从距离圣保罗市中心数英里的本达纳广场迁来。虽然该馆的新地点在下城之外，但 LRC 相信这家儿童博物馆将惠及整个市中心，所以支持市政府的决定。数年之后，在博物馆的要求下，LRC 协助安排知名日本雕塑家菊竹清文来访，他提出具有创意的想法，如何将博物馆的屋顶整修而创造更多的展示和活动空间。其后纵使菊竹并未被邀请为设计师，

在儿童博物馆的要求下，LRC 代为邀请日本知名雕塑家菊竹清文为它的屋顶开发设计创意。其后由本地艺术家建造了一座新花园。

1999 年，联合车站的泰坦尼克展吸引了 50 万人来到下城。

但是他的想法极大影响了博物馆的最终设计。

多年来，LRC 的总裁供职于州府河（第十七区、市中心）协会（Capitol River Council）董事会，该会支持很多项目和活动，包括接驳公交车服务、人行天桥、人行天桥至新明尼苏达互惠人寿保险大楼（Minnesota Mutual Life Center）的延伸设计。LRC 的总裁也在哈姆广场公共艺术项目（Hamm Plaza Public Art Project）评委会任职。LRC 也和市中心大楼业主与州政府合作，鼓励明尼苏达州政府考虑性价比更高的方案，也就是在市中心租赁更多办公空间，而不再建造昂贵的州政府办公楼。LRC 参与市中心建设，阐明它对新想法的开放态度，并且非常关心圣保罗发展。LRC 总是愿意支持城市建设中的各种项目，也在支持的过程中不断拓宽与强化它与其他市民组织的联系。

1999 年吸引 50 万游客到下城来的"泰坦尼克展"（Titanic: The Exhibition）活动，再次将大众的注意力集中到圣保罗联合车站大厅改造的美丽和潜力之上。应展览组织者的请求，LRC 请国会议员布鲁斯·文托协助，征得美国邮政局许可，使用大厅的内部作展览，还使用停车场以容纳参观人群。

其他富于想象力、为社区增添价值和美景的想法尚未实现，有许多值得进一步探索，例如"历史墙"，是在河滨堤坝墙壁上的公共艺术作品，意在反映这个区域的文化遗产，美化河滨，以及吸引游客。这个概念是从国际知名的陶艺家露丝·达克沃斯（Ruth Duckworth）在北陶土中心的展览和在明尼阿波利斯艺术学院的演讲而引发。LRC 邀请她访问下城的河滨，请她在该处创作一件作品。早期从国家艺术基金会所获得的资金足以支持这个项目。

起先达克沃斯的犹豫是基于自己的年纪已大，但在到访之后，她为这项宏伟计划而感到非常兴奋，便对此区进行广泛调研，最后提出一个令人印象深刻的浮雕"从冰河世纪到信息时代"，遗憾的是所需经费远远超过 LRC 所能募得的，因此不得不作罢。这个历史墙也许在将来的某一天能获得足够的支持，再聘请另一位艺术家来实现它（达克沃斯已于 2008 年过世）。

LRC 邀请知名陶艺家露丝·达克沃斯在河滨（上）创造一道历史墙。这个位于密歇根银行墙上的浮雕（下），是她的代表作之一。

当 LRC 对于河滨未来的开发规划变得更为明确且知名时，其他的投资者和开发商也被这里的无限可能所吸引。1990 年初，某开发商提议建

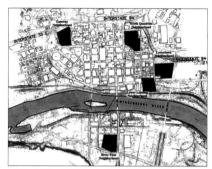

某年市府为争取棒球队提出五块用地，其中三块在下城。后来选民否决了这个想法。

造一座由四栋建筑组成的高层办公大楼"凯洛格中心"（Kellogg Center），成本预计为 3 亿美元，但预设租客对象并不清楚。外界猜测可能在吸引西方出版公司和美国陆军工程兵团。两机构皆讨论过迁移，结果都选择了其他地点，该计划撤销。

为了回应明尼苏达科学博物馆对河滨所表现出的兴趣，LRC 倡议与市规划与公共工程相关部门针对修订过的"河滨花园规划"进行合作。就开发而言，它提出三个方向，以及一个三者的选择性组合：

1. 艺术和文化机构，包括一个为科学博物馆而建的新设施；
2. 住宅；
3. 美国邮政局的扩建。

LRC 将计划提交给博物馆总裁。固然下城这个地点具备独有的有利条件，包括河滨地点、连接至人行天桥系统，以及邻近创意社区，有公共电视台 KTCA-TV 和其他设施，但是博物馆却选择了邻接会议中心的上河滨的地点。

公园和开放空间一直是城市村庄规划的焦点，然而棒球场则不是。LRC 确信，大规模和一流的运动设施需要大量土地，而且会产生严重的交通问题，这些与下城的创意社区并不相容。1995 年，当有人建议兴建河滨足球场时，虽然 LRC 支持使用圣保罗市的土地，但对于把最佳的河滨土地用于既非最高和最佳利用的设施，也未对下城起补充作用表示忧虑。

当市府官员和本地的商会发起一项吸引明尼苏达双子棒球队到市中心新体育场的竞标时，LRC 也表达了类似的忧虑。在没有和 LRC 商讨的前

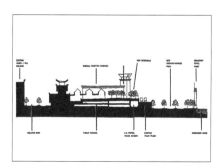

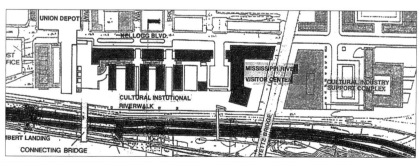

1994 年，为回应明尼苏达科学博物馆拟在河滨建馆，LRC 倡议在圣保罗的"河滨花园规划"中为博物馆提供一块河滨用地及人行天桥，使其与下城和市中心相连。

2000 年，LRC 与当地媒体合作，发表两篇评论文章，阻止了美国邮政局在河滨建立大型卡车货运站的计划（《圣保罗先锋报》，2000 年 8 月 20 日）。另一篇文章刊登在《明尼阿波利斯明星论坛报》，详见 82 页。

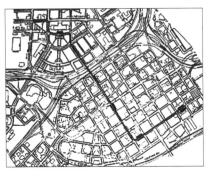

从 1980 年代起，LRC 和拉姆希县合作草拟两个市中心和州议会大厦与下城连接的轻轨捷运规划。

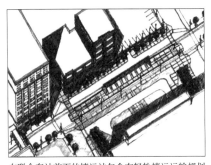

在联合车站前面的捷运站包含在轻轨捷运输规划之中。

提下，当时的市长提出了河滨、北区、旧制造厂等三个下城地点，以及在市中心西端、靠近怀尔德冰上曲棍球场的一片地方。由于选民拒绝公共资金资助，于是取消了这个提案，但接任的市长仍然提供另一处下城地点让球队做考虑。

因为在密西西比河另一边的明尼阿波利斯市有较多的棒球迷，所以 LRC 私下建议圣保罗的领导层将棒球场设在两都市之间的中间地带，那里不但有适合的地块，且交通便利，更方便，这似乎对棒球俱乐部更具吸引力。

虽然 LRC 不能直接反对市长的愿景，但它知道球队业主可能只想利用与圣保罗市的磋商来增加他们与明尼阿波利斯的谈判筹码。LRC 采取温和和坚持的策略，举办会议邀请市府主管向下城的居民、艺术家、企业主阐明运动场规划，同时让大家表达意见。部分人还参观其他都市的市中心球场。若干下城居民和企业主公开强烈表达他们的忧虑，以及这种规模的规划对这个区域潜在的负面影响。

最后，双子队不出所料，选择留在明尼阿波利斯，而下城有幸保留了他充满历史特色和生命力的改造方案。

## 美国邮政局的迁移

美国邮政局的设施未来将迁往何处，大大地影响"河滨花园规划"的实施。因此，美国邮政局声明其将因空间不足而必须迁移，是个期待已久的好消息。

这个问题初次浮现，是当美国邮政局决定建造一座横向设施以安装邮件计算机化分类系统时。邮局官员找到一个在拉斐特大桥以东的河滨地点，但缺乏资金，又无法为联合车站大厅找到买主。这个分类机器最后以垂直方式安装在现有的大楼内。如果美国邮政局成功地建造起河滨的设施，将直接危及邻近这座桥的地区成为公园或住房的可能性。

几年后，在 2000 年，美国邮政局获得了 3000 万美元的融资，以建立一座从车站到拉斐特大桥的大型卡车货运站。这样的建筑会把邮政服务永久锁定在河滨上，也会终结将联合车站恢复成交通终点站的可能性，同时限制住房和康乐设施在河滨的发展。LRC 和市府官员直接向邮政局官员表

## Arden Hills cool to postal center

*McCollum's vision for Army site faces opposition*

By Tony Kennedy
*Star Tribune Staff Writer*

City leaders in Arden Hills on Tuesday pushed back against U.S. Rep. Betty McCollum, who has advanced a plan that would move St. Paul's downtown postal center to land that the northern suburb has been waiting to develop for other purposes.

"Arden Hills in a sense has been kind of run over," said City Council Member Gregg Larson. "When the congresswoman says it's a win-win situation, it's not a win-win for the people of Arden Hills."

And Mayor Beverly Aplikowski said of McCollum, "I think she's not working for the citizens" of Arden Hills.

Bill Harper, chief of staff for McCollum, D-Minn., told opponents that the plan would benefit the entire region and come with overall benefits for Arden Hills. Regardless of the postal facility outcome, the city would gain access to hundreds of federal acres now off-limits, he said.

Harper described the project as "a great opportunity."

McCollum favors moving postal facilities in downtown St. Paul and downtown Minneapolis to Arden Hills to gain because doing so would create important regional redevelopment opportunities in the two cities. Neither city would lose postal counter service for walk-up patrons.

In St. Paul, the mail-sorting facility occupies 12 acres of prime riverfront land that could open up the nearby Union Depot as a future hub for public transportation.

St. Paul Mayor Randy Kelly, like his predecessor, Norm Coleman, has wanted the downtown mail center moved away from the Mississippi River for development reasons.

Representatives for U.S. Sens. Coleman and Mark Dayton attended Tuesday's meeting, but only McCollum's side took a stand on the issue.

Arden Hills leaders and postal developers working with the city of 4,000 residents fear that a sprawling, truck-intensive mail center would spoil more attractive development on the ammunition plant site.

### 'Crown jewel'

Altogether, the Army has deemed 774 acres on the polluted munitions site surplus. Harper said it's still not clear whether the Postal Service would move to Arden Hills. Even if it does, he said, a pollution study due out in June may show that remediation costs are too high for other kinds of development on the property.

Either way, he said, it's possible for Arden Hills that once new land that previously was tax exempt will be available for development and park use, he also said that asking the Army for more money to study pollution remediation on the site is an idea worth exploring.

Edward Rynne, a facilities manager for the postal system, said the proposed 62-acre plot within the larger Twin Cities Army Ammunition Plant site may be the best operational location for a consolidation of various metro-area facilities.

But whether the Arden Hills land is accepted or rejected depends on a Postal Service analysis expected in July. Rynne said. He declined to estimate the cost of the consolidation project but said $80 million is a "significantly low" guess.

"We are at a very early stage," Rynne said.

### Out of downtowns?

Bert Baldwin, a private developer who belongs to a group that has interim development rights for Arden Hills, said an 80-acre postal facility with heavy truck traffic could lock the city into similar kinds of development and its leasing and retail options.

The crown jewel of St. Paul may be the riverfront, but this is our crown jewel," Baldwin, a Ramsey County Board member Larson said.

在政府与社会资本合作伙伴的持续努力下终将美国邮政局的地区设施迁移，这对于联合车站的恢复成交通终点站来说，是非常关键的（《明尼阿波利斯明星论坛报》，2003 年 4 月 16 日）。

## RAMSEY COUNTY AND ST. PAUL

# County Board urges deal to move post office

## If not Arden Hills, then someplace else

BY TIM NELSON
*Pioneer Press*

Ramsey County urged federal officials on Tuesday to consider other options, besides the former Twin Cities Army Ammunition Plant in Arden Hills, for a new site for the downtown St. Paul post office.

Acting as the Regional Rail Authority, the County Board amended a resolution in support of the TCAAP relocation, urging a pending U.S. Postal Service feasibility study to include alternatives.

The vote came a day after Republican U.S. Sen. Norm Coleman and Democrat Sen. Mark Dayton both came out against moving the post office to Arden Hills.

"We should look at that site. It is a site that should be analyzed," said Commissioner Susan Haigh of St. Paul. "If the two senators have other sites that they want to have on the table, let's get them on the table and let's get it done."

The urgency comes from plans to turn the area around the post office and the old Union Depot train station into a multimodal transit hub, which may not be compatible with the post office's truck traffic.

Hundreds of acres are about to open up in Arden Hills, when the federal government disposes of part of the TCAAP site.

Among the other parties interested in the area is Centex Homes, officially a tentative developer for the area and the same company that then-Mayor Norm Coleman made a deal for a major housing development in St. Paul.

Centex official and St. Paul Planning Commission member Matt Anfang said this week that his company and its development partners haven't come up with a concrete proposal for the area yet.

County Commissioner Victoria Reinhardt, of White Bear Lake, said she offered the amendment to show that Ramsey County hasn't given up.

"This is consistent with what the senators have said, that there are other sites, and we want to show this rail authority is open to them."

*Tim Nelson can be reached at tnelson@pioneerpress.com or (651) 292-1189.*

社区领袖和车站选址调研组不断敦促邮局继续寻找另一处地点转移（《圣保罗先锋报》，2003 年 6 月 4 日）。

达了他们对于计划的忧虑，但没有效果。接着 LRC 决定将这件事诉诸媒体，并且把河滨花园愿景和本地两家日报的编辑分享。两家都以态度强烈的社论反对美国邮政局的计划；其中一家从 LRC 的"河滨花园规划"中转载了一张插图。凭借谨慎地培养大众共识，LRC 才能够使邮政局放弃了他们的想法，而且因为它主动表达有远见的立场和有效的媒体活动，赢得了市府官员的喝彩。

就在同时，LRC 也在践行它长期坚持的公共交通对下城的重要性，并协助解决日益严峻的交通问题。例如，始于 1980 年代晚期，LRC 和拉姆希县、市中心公益团体合作规划轻轨捷运铁路，大家达成一致的路线是从明尼苏达州议会大厦穿过圣保罗市中心沿着第四街到达下城，终点就直接在联合车站前面。

2001 年，拉姆希县官员开始研究确定作为新多式联运终点站的最佳位置，并组成车站选址调研组以备咨询。社区领袖和几个公共机构的代表，以及明尼苏达州议会办公室受邀参加。由于 LRC 在下城的表现活跃，且为州府河协会董事会成员，县政府邀请 LRC 加入调研组。在一位铁路顾问的帮助下，项目组进行了广泛寻找，最终确定联合车站最具潜力成为终点站。然而美国邮政局必须先迁移，安装新轨道的土地必须向邮政局购买，车站大厅必须改造为终点站。

LRC 和其他车站选址调研组成员合作，除了协助美国邮政局迁移它所有的业务，主要的挑战是要为它的 1400 名员工和先进的信件处理技术找到合适的新地点，以及方便重型卡车运输。

沿着高速公路位于圣保罗郊外亚登高地（Arden Hill）的前双子城陆军弹药工厂的军械库，有着广阔的空地，似乎符合美国邮政局的需要。然而当地的市府官员和开发商，希望将场地用于住房开发，并投票反对在那里设立邮局（2009 年开发商放弃这个住宅计划，因为处理现场的环境问题需要昂贵成本，且对新住房的需求疲软。亚登高地现在必须为该地点招募新的开发商）。

LRC 支持邮政局寻求军械厂场地的主张，却遭受明尼苏达某位参议员的反对，此议员曾为圣保罗市长，当时曾支持美国铁路回到联合车站，后来却反过来反对这一计划。他的立场几乎断绝了美国邮政局搬迁的机会和联合车站的改造。当时幸有拉姆希县的强力领导和国会众议员贝蒂·麦科

LRC 与河滨开发公司合力邀请美国铁路公司董事长访问下城，并赢得他的支持将美国铁路迁回联合车站。

勒姆女士的帮助，使得 LRC 可以加入有远见的社区领袖中间和车站选址调研组，并不断鼓励美国邮政局继续寻找另一个地点。

最后邮政局终于在伊根（Eagan）找到一个合适的地点，位于南边的郊外，那里因合理的商业开发和规划而名声良好。在环境与交通调研完成时，美国邮政局承诺在那里建造新的设施。它的搬迁在 2010 年底完成。

由于美国邮政局迁移至伊根，拉姆希县在圣保罗港务局的协助下，同意以 4960 万美元购买圣保罗联合车站大厅与 9 英亩的邮政局资产。该县向市府和其他私人业主又买下了邻近的部分土地，转为公有产权，面积超过 37 英亩，占了河滨的主要土地。

## 带回火车和人群

当美国邮政局决定搬迁，将车站大厅空出来用作更适合它的交通用途后，将圣保罗联合车站改造为一个新的现代化交通中心的项目如火如荼地开展起来。规划集中在两个要素上：

1. 鼓励美国国铁将客运和货运业务从 1971 年搬迁后开始使用的双城中途车站移回下城。LRC 与河滨开发公司合作邀请美国国铁董事长参观圣保罗联合车站。他看到这个位于新兴城市村庄内的地点的价值后，对搬迁表现出强力支持。
2. 完整的开发方案使得联合车站成为计划建设的地区轻轨捷运网络和为东都会区域所设想的其他路线的枢纽，包括通往芝加哥的高速铁路。

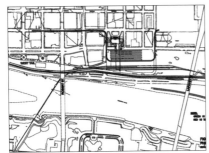
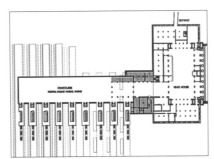
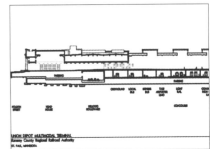

一位拉姆希县的铁路顾问经研究得出，需要在联合车站增加 7 条铁路，才能将美国铁路从市区迁回，并能充分发挥中央走廊轻轨捷运的运输功能。未来高速火车将连接圣保罗与芝加哥。

2005 年美国国会议员詹姆士·奥博斯达（James Oberstar）宣布 5000 万美元的联邦资金将用于联合车站重建。

2005 年，在明尼苏达州国会代表的协助下，根据预估联合车站和附近地区的改造费用将超过 3.5 亿美元，联邦政府拨了 5000 万美元专款专用于该规划。这项资助是个突破，确认了圣保罗下城是美国国内 26 个具有潜力的主要交通终点站之一，将 LRC 对于联合车站的梦想带往现实之路。

明尼阿波利斯的希亚瓦沙轻轨捷运铁路（Hiawatha light-rail line），亦即这个大都会第一条捷运线，获得成功。加上汽油价格日涨，及发展中的环境问题日益严重，有助于加速推进实现那条连接两个都市、让人期待已久的中央走廊线（Central Corridor line）。希亚瓦沙很快会证明轻轨捷运运输线将启动新的开发，并吸引沿线更多的新居民。

像这样的新铁路线，建造起来是件极其复杂的工作。不但建在历史悠久且完全开发的都市街区上，并且还须穿越该州最大的大学校园，势必遭遇各种困难。例如，获得州资金的许可时，还得面对州长的否决。最后这些困难都得到解决，而且在 2008 年，所有团体都同意这项将近 10 亿美元的规划。

在一项妥协中，拉姆希县同意将终点设在联合车站前面而不在站内，使其合乎预算。美国国铁使用车站大厅处理业务，而拱形古色古香的顶棚与广阔的河滨风景给来来往往的乘客美的体验。由于这个规划允许在既有铁路线上增加火车车次，为那些到市中心上班的人、来自东都会区及来往芝加哥的游客，提供了更方便的路线，也缩短了通勤时间。

当社区对联合车站与河滨的愿景最终得以实现时，大都会议会却因未能在轻轨捷运计划中考虑社区的需要，而引起一些问题。明尼苏达大学担心火车的振动会影响它的实验室；明尼苏达公共电台对于它的播音室也有同样的忧虑，以及沿着大学大道的少数族裔街区谴责缺少车站入口，同时担心工程期间严重影响生意。下城居民和商人则担忧轻轨捷运维修场会影响他们的日常生活。

## 新的机遇与挑战

由于 LRC 为建设下城努力多年，保留下许多可能性。当钻石公司（前吉列公司）在 2005 年宣称将关闭下城工厂，虽然失去些就业机会令人遗憾，

大都会评议会建议在吉列工厂区域辟出一部分建轻轨维修场（OMF），紧邻艺术家阁楼、画廊、咖啡馆、农民市场。

它的立面设计与邻近的历史建筑并不相配。

"河滨花园规划"建议改造吉列工厂，以给艺术社区和网络村提供空间。

但它的离去也开启了新愿景之路。这个前制造工厂邻近艺术家阁楼、圣保罗农民市场、布鲁斯·文托自然保护地，为城市村庄的扩张提供了机会。

在市府的邀请下，LRC加入钻石工厂厂区改造项目组，和许多市中心居民、艺术家、商人共同为这块用地寻找未来的使用之道。LRC向项目组提出"河滨花园规划"，为再开发提供多种可能——住宅、一处艺术区、一个高科技和生物科学中心，以及一条拓宽的绿化带和新公园空间。经过广泛研究和讨论之后，项目组同意报告中对这片地区的愿景，即"充满活力、多用途、中高密度的创意社区，内有活跃的街头生活、与密西西比河及布鲁斯·文托自然保护地相连、整齐的街道设置，以及与周围融合的现代建筑物"。

社区还面临其他的挑战和机遇，包括用一座有分隔车道的桥梁取代拉斐特大桥，需要不断与明尼苏达州交通局交涉，以确定新桥梁将提供往来市中心（在凯洛格大道上）的通道，可以缓解下城和圣保罗东城之间的交通，并强化这个区域的整体愿景。"河滨花园规划"建议探索在分隔车道的桥梁下建造公园。在和车站选址调研组的讨论中，LRC建议这个新桥梁设计方案可以解决所有这些问题。

另一个主要的挑战发生在大都会议会提出在原钻石工厂厂址上建造轻轨捷运维修场之时，此事引起下城街区的忧虑。地方政治领袖，因受到大都会议会有关轻轨捷运进度的截止日期与可能失去资金的双重压力，而屈服于这个短视的计划。不过，LRC倾听并分享街区的忧虑。

在原钻石工厂用地上建造维修场，会严重伤害下城街区与布鲁斯·文托自然保护地。轻轨捷运路线的增加会把下城分割开来，妨碍交通便利，

"河滨花园规划"计划建设一个创意中心（Creative Quarter）与"科技林"（Tech Wood），一个太阳能发电厂与社区花园，将吉列工厂改为新用途，或者在吉列厂区建设新建筑以展示艺术和高科技。

联合车站大厅与车站月台改造规划

城市是敏感又复杂的结构,很容易因无知的干扰和大规模重建而受到严重伤害。为了妥善规划未来,我们必须深刻了解城市如何演变成现在,以及现存城市结构的确切本质。

——埃尔泰德·哈林顿
(Illtyd Harrington)
大伦敦议会主席

增加行人与自行车的风险,并制造不兼容的土地使用,也不利下城历史风貌景观;不但增加噪声和停车问题、扰乱保护地进一步的规划,同时限制发展。它将破坏一个投资圣保罗的巨大机会,也会给东城街区带来负面影响。在决定设置维修场前,应该彻底搜寻其他地点。例如中途区便拥有广阔的空地和工业用地,更适合这样的设施。

这样的项目绝不应该只以建设成本作为判断基础,社会和机会成本也必须考虑进去。对轻轨捷运铁路这样的规划来说,倾听受影响的社区的不同意见,比什么都重要。

在接下来的议会公听会上,新一代的下城领袖出现了。议员戴夫·图恩(Dave Thune)代表社区发言,敦促该规划无效。接着他通过下城社区完整参与的"小区域规划",寻找解决问题的方法和更具适应性的未来愿景。国会众议员贝蒂·麦科勒姆和下城居民会面,听取他们的担忧和期望,同时下城未来基金提供资金,支持这个区域的规划工作,让他们能够聘请规划专家,将社区愿景清晰地表现出来。

大都会评议会决定按照规划兴建这个轻轨捷运铁路维修场。这个社区将会体验到它的影响。我们希望通过一个更大的设计工作将伤害减到最低。

## 从闲置的仓库到新的城市村庄

下城的城市村庄和它的河滨花园区,乃是经过漫长的努力,才从1978年空荡荡的仓库和停车场,走到今天的模样。47栋历史建筑中的40栋,楼层面积合计超过330万平方英尺(约30.7万平方米),被赋予了新

联合车站改造为多式联运终点站,包括美国国铁、轻轨捷运、公交车,以及未来的高速铁路。

与下飞冷项目组合作下，LRC 计划在自然保护地附近建设一座解说中心。

下城脱颖而出，成为一个富于想象力又成功的教科书案例，它把都市的落后地区转变为都市资产的主要部分。这不易做到。它统合了政府与社会资本合作关系网、运用了许多创意融资技术、进行了多年辛苦的工作，并具有强大的毅力。

——1995 年国家保护荣誉奖
授予下城重建公司
圣保罗市
麦肯奈特基金会
生活历史地标公司

的生命。米尔斯公园和北区周围已开始进行新的加密开发。数年来，开发稳定地朝河滨前进，现在已达河滨的凯洛格大道。

改造现有的建筑并结合新的开发，总投资超过 7.5 亿美元，而其中私人资金占了绝大部分。税基扩大了五倍。现在超过 5000 人住在这个历史地区内，12000 人在此工作。今天，500 多位艺术家、作家、音乐家、网页开发人员、网络服务提供商把下城当作他们的家。的确，它变成了创意社区的模范。

迁走邮政局，同时获得 2.43 亿美元资金购入联合车站和进行改造，这个社区长久期望的多式联运终点站终于实现。在联邦相对基金获准下，轻轨捷运也在施工中。这代表了另一个 9.57 亿的投资。

纵使完成了许多事情，下城的事情也不会结束，因为社区建设是永无止境的。就像住在那里的人一样，社区也会随着时间发展。当一个阶段结束，另一个又开始。问题是，每一代人会如何面对挑战，继而使都市得以持续发展还是衰退。改变是经常遇到的，虽然通常是挑战，却是健康社会的象征。

LRC 的任务是创造一个坚固的框架和能够引导未来改变的宏观愿景；拥抱下城的未来，但不放弃它的历史遗产。谨慎地执行愿景，下城和较大的圣保罗市会变得更宜居、富有创意和可持续发展。

美国铁路的迁回和联合车站恢复早期的用途、再过几年轻轨捷运的完成、具有巨大潜力且广阔的密西西比河滨开发在望、布鲁斯·文托自然保护地新的解说中心正在建设中，以及一个处于核心的繁华的城市村庄，所有这些圣保罗下个重建中所需要的条件，都已具备。

## 50 年来的经验

50 年来，我一直工作在都市规划和再开发的前线上，其中大约有 30 年在圣保罗，对于较大的下城社区与其他组织，也许提供了具有价值的经验。

每个社区都独一无二。领导人对于发展的规划，不必只基于经济的观点，一旦忽略社会成本和偏重短期利益，将招来长期的损失。草率地采用最新的时尚或盲目模仿其他项目，不一定能取得进步。了解社区的社会结

大河游艇，譬如美国皇后号，载着数百名游客从密西西比河下游到圣保罗的下河滨。

领导力是行动，不是口号。

——唐纳德·H·麦克甘纳

（Donald H.McGannon）

构、经济概况、当地历史文化、城市肌理，聘用社区领袖，符合社区的需要，是不可或缺的第一步。

研究其他社区的做法也是重要的，真正的成功有赖于调整思路并创造全新做法，以反映每个社区和街区的特色。同样必须注意的是太快屈服于政治压力和实施短视计划而不考虑长期后果的冲动。在这方面若缺乏意志力，不仅可能破坏街区，也会赶走居民和企业。

将愿景付诸实现是个困难又充满挑战的过程。以下六点，若正确地运用，在启动一项成功的社区再开发工作时，可提供良好的基础：

1. **设想愿景是对创意想法和社区支持的耐心搜寻，是一项持续性的工作。**
LRC 的下城愿景，来自面对各式各样的方案时，仍维持一个开放和质疑的心，以及愿意去探讨它们和找出最有创意的设计。为了使更多人能够了解愿景，通过完善的市场调查、良好的财务分析、仔细的规划、鼓舞人心的透视图、建筑模型、面对面的会议，最后使之成真。

在争取社区的支持上，社区对话是关键。最重要的是，设想愿景是件耐心寻求想法和支持的工作，且让投资者乐于加入城市村庄的建设。愿景是一种在人们愿意走进和参与之前，必先让人发现、分享和珍惜的东西。在下城，LRC 开始了城市村庄的愿景。当新的机会出现时，它增加网络村以吸引年轻的高科技企业家；兴建布鲁斯·文托自然保护地以治理棕地；河滨花园与作为多式联运终点站的联合车站通过住房、艺术区和河滨的公园联结在一起——这些都符合这个整体愿景。在多年的领导过程中，LRC 从不单独工作，而是与不同的伙伴合作，以吸引新的投资，并在这个地区加入住房、企业、康乐设施，随着时间的推移，使下城大为转变。

2. **社区的兴衰依赖社区领导的信念及素质，以及公益平台。** 媒体、信息灵通的社区、活跃的市民组织、在开发方面跨学科的专业人才，全都扮演重要的角色。若没有他们的参与，一个长期和复杂的规划过程，很容易失败。

下城的改造，非常感谢市长乔治·拉蒂默和 LRC 董事会长期的奉献和开明的领导。在 LRC 的前 14 年，他们为下城的发展建立了一个坚

实的基础。若非这个根基，在市府不同部门间的推诿与竞争下，下城很
容易受到伤害。每一任管理层当然有各自的应办事项；虽然 LRC 试着
与每个新的管理团队合作，但并非都能获得相同的成功。

3. **某些早期项目，若非 LRC 的领导、指导和财政支持，是不可能实现的。**
在 1980 年代早期的经济低迷期间，LRC 为公园广场中庭大楼的改造招
募开发商、提供贷款担保和设计建议。此外，倘若当年 LRC 的领导人
未曾采取积极的行动，将联合车站视为历史地区重要组成部分加以保
护，并填补融资缺口和对改造提供设计建议，车站也可能被拆毁。

还有其他非营利项目，比如 KTCA-TV 的办公室和广播室，如果
LRC 没有认识到它的潜力，同时坚持本身的倡议，且和电视台的管理
层、市府官员探讨新设施的建设，为其募款活动提供担保，并协助设计
新设施，可能一事无成。

同样地，在米尔斯公园和儿童游乐场的设计与施工上，LRC 的领
导、指导、设计灵敏度和支持，也很关键。其次，有关邮政局地点的论
战，若无国会议员贝蒂·麦科勒姆强力支持和具有远见的协助，告知项
目组不可屈服于政治压力，邮政局的迁移可能受到阻挠。项目组为邮政
局找到了一个更好的新地点，从而确保了联合车站重生为交通中心。

*对人类的每个问题都有个简单的解决之
道—— 简便易行、貌似合理、错误。*
*——H. L. 门肯*
*（H.L Mencken）*

4. **都市更新是个复杂的过程：它要求跨学科的专业技能来设计愿景、制定
计划并实施。**在下城，LRC 整合许多专家：市场分析师、法律与财务专
家、营销与公关专家、开发商——所有都是为了让投资者对于下城的潜
力感到心安。

LRC 也发挥自身设计专长将愿景转化为现实。内心总是以公众的
最高利益为奋斗目标，因此当需要时，它提供最好的专业知识以解决复
杂的设计和财务问题，以此助力城市开发，改善项目设计，减少财务风
险，确保合理的投资回报。它对于新的、现代的设计方法保持开放态
度，同时也尊重圣保罗独特的历史文化，并设法将新旧融合在一起。

与规划师、建筑师、财务暨营销专家、政治领袖、政府专门人员合
作确定设想的计划可行，是很重要的。LRC 在社区再开发工作中，不动
产专家是主要顾问，尤其在招募租户和交涉合约时。若缺乏都市规划和

设计专家，政治领袖在做重大的开发决定时，很可能只基于经济上的考虑。LRC 的经验表明，只有把设计和财务问题一并考虑的时候，才能得到完美的结果。

5. **及早行动有助设定发展进程**。社区建设与研究，有助于确定事务的轻重缓急，避免犯大错并继而产生更多的对立者。创设愿景的人和规划师必须尊重一个地区的历史和居民，并且了解当地的政治，才不会遭到他们的抵制。

尽管早期抵制将联合车站列入《国家历史地区名录》，但是 LRC 聘请了一位顾问针对它和下城其他具有历史意义的建筑进行了调查，然后和市、县、州合作为整个区域被认定为历史地区而努力，这是保留车站的关键一步。接着 LRC 为车站厅堂改造填补融资缺口，并帮忙物色建筑师促成这个项目。不久，市府主动争取都市开发项目资助款以取代 LRC 的贷款。倘若没有采取行动，导致建筑遭拆毁，将失去下城的重要历史，轻轨捷运可能也必须以其他地方为终点站。

和本地新闻媒体维持不断的沟通极为重要。多年来，LRC 和新闻界建立起强有力的联系，维持开放式的沟通，并容许它观察和报道 LRC 的成功与失败。大众可以看到这个区域平稳的转型。

要将大众心中那份对下城因投资缩减而造成的衰败感，转变为新的、有吸引力的、成长的街区形象，定期的新闻报道就变得很重要。假如没有和日报记者密切的沟通，以及反对美国邮政局的河滨扩张计划的强有力的社论，一个大型的卡车货运站将终结将美国铁路迁回和延伸轻轨捷运运输到下城中心的可能。此外，一些造型典雅、具有历史意义的仓库或许也遭破坏，而断送了将它们改造为住房、办公室、商店、餐厅的可能性。

LRC 邀请美国国铁董事长来访，让他见识到一个充满活力、开发中的社区，并说服其同意美国国铁的迁回。对新兴的城市村庄的新闻报道有助于他更加确信应将铁路服务迁回圣保罗市中心，事实上，一个世纪多以前，铁路服务就是从那里开始的。

6. **轻轨捷运运输规划必须响应社区的需要和期望**。LRC 用了近 30 年的时

*我发现世界上的伟大事情，并不在于我们所站立的地方，而在于我们前进的方向。*
*——奥利弗·温德尔·福尔摩斯*
*（Oliver Wendell Holmes）*

间推行下城的改造、联合车站的复原、美国邮政局的迁移、轻轨捷运的延伸，以及近期重新开拓棕地以建造布鲁斯·文托自然保护地。身为车站选址调研组、钻石工厂厂区改造项目组、州府河协会成员，LRC 在都市改造和交通规划方面经历过许多困难。

尽管困难重重，但联合车站已复原，轻轨捷运运输也将来到圣保罗，这些都是 LRC 一直强烈支持的目标。当轻轨捷运路线建成时，下城会变得进出极其方便，这也正赶上能源危机促使人们回到都市。下城的历史魅力和靠近密西西比河的地理优势，将保证它未来的发展；它将是个创造更多工作机会，和进一步吸引投资的地方。

大都会议会决定在下城建设一座轻轨捷运维修场，却没有将社区需要和维修场所产生的噪声、交通、安全等问题考虑进去。尽管在听证会上社区强烈反对，但大都会议会似乎只在意施工成本和乘客流量，却不关心社会和机会成本。它也忽略了下城创意社区和网络村的巨大发展潜力。

## 下一个城市村庄……

LRC 曾是创建可持续发展社区的先锋。20 年以前，它协助这个都市发展的集中供热系统使用至今，不仅节约能源，还使用了废木头等替代燃料。改造下城绝大多数的历史建筑、实行市中心接驳巴士、建设自行车道网络工程、探索在都市规划中的太阳封套覆盖分区制以扩大采光、在建筑

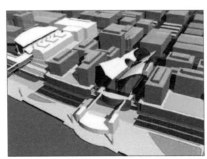

"河滨花园规划"包括了建议恢复联合车站（白色部分）、河滨住宅（金色部分）、一个新的创意中心及带有河滨散步道的冬季花园（灰底白色）、露天剧场（下），以及一座游艇码头（见 188 页）。

架构和改造方面提供定期指导、逐步建造一个适于步行的街区——包括扩大人行天桥系统、扶持本地栽种的食物、重新开拓棕地和密西西比河滨等等，使得下城变成美国可持续发展和环境敏感的社区之一。这些工作必须进一步探讨和扩大。下一个城市村庄应该是真正的"绿色"社区。

　　凭借历史魅力、临近密西西比河、先进的运输网络、诸多康乐设施，下城变成一个具有吸引力、出行方便、适合生活的社区，而且和附近地区妥善连接。它是个创意社区，支持数百位艺术家、计算机工作者，以及其他有才华的居民和工作者。现在新一代的下城领导人正崭露头角，他们充分参与重塑这个地区的未来、扩充河滨花园愿景、与开明的政治领袖合作，以及设定方向与支持社区发展。下城未来基金对这个城市村庄新的项目和活动提供种子资金，为实现下城更光明的未来带来希望。

　　还有许多工作尚待努力。然而一个更适合居住的、富有创意的、可持续发展的社区，确能实现；事实上，对圣保罗的创新城市村庄而言，它是通往未来的自然路径。唯一会限制它的未来的，只是我们的想象力。

道生之，德蓄之，物形之，势成之。
是以万物莫不遵道而贵德。
道之尊，德之贵，夫莫之命而常自然。
故道生之，德蓄之，长之育之，亭之毒之，养之覆之。
生而不有，为而不恃，长而不宰，是谓玄德。
——老子，《道德经》
卢伟民书，2009 年

LRC 设想的河滨花园，包含将联合车站复原为交通终点站、一座冬季花园、一座创意中心（左），以及在河滨开发新的住房、公园和一座游艇码头（右）。

# 第八章 都市重建之"道"

宜居创意城市村庄的决定因素

在经过美国城郊路旁的连锁汽车旅馆、快餐加盟店、街边小商场时，谁不曾想"世界处处都一样"，却又希望自己在他方？

相反地，有不少大小都市散发一种独特的风格感：伦敦以乔治式建筑和宽敞的公园、京都以寺庙和花园、苏州以运河及庭园、旧金山则以成排的安妮皇后式住宅和都市街道出名。每个都市都给它的居民一种认同感，吸引游客，刺激商业，以及赢得国际的尊重。如果每个都市看起来和感觉起来都像其他都市，这个世界将会多么单调无趣！

通常地理、历史或者居民的价值体系主宰了都市或街区的感觉。或者地方感有可能源于对街区独特建筑和空间的日常感受。诗词、影片、音乐、戏剧也影响一个地方的感觉。例如，读过苏东坡（1037～1101年）的诗《饮湖上初晴后雨》，读者对于西湖之美会获得更多的体会：

水光潋滟晴方好，山色空蒙雨亦奇。

欲把西湖比西子，淡妆浓抹总相宜。

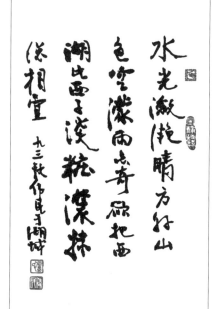

饮湖上初晴后雨
苏东坡（1037～1101年）
卢伟民 书，1993年

不论什么特殊方式，当重新设想一个都市时，必须顾及它的自然环境、社会经济结构、文化，甚至政治趋势。然而大多数的都市重建都与人有关。在下城的案例中，所有这些因素，还有更多的，都运用到了。

珍惜它位于密西西比河沿岸的位置、认知它凝固在建筑中的历史、尊重不同年龄和经济条件的人，以及艺术家、音乐家、高科技企业和服务业从业人员，一耳倾听于人，一眼展望将来，使得下城成为新旧的融合体，一个更富创意的、适合居住的、可持续发展的，也更为和谐的社区，而且还散发出浓厚的地方感。

创设LRC作为一个政府和社会资本合作的工具、设定创意城市村庄的愿景、营销空荡荡的仓库区、招募投资者、集结资金、为更多合作伙伴搭建桥梁，使得圣保罗变得不同。面对众多挑战，LRC固然有许多成功之处，但也有少数失败。

多年来，LRC在世界各都市与市长、规划师、建筑师、学生等分享它建立新城市村庄的经验，与他们在广泛的项目上合作，从洛杉矶中南部的重建到北京奥林匹克公园的开发，从查特怒加河滨到里士满市中心的重建，从新加坡中国城的复兴到中国台湾高雄新城中城的规划。

美国国会众议员贝蒂·麦科勒姆在艺术展期间在下城阁楼访问艺术家。

LRC 接待了许多来下城的访问者，诸如法国政府要员、英国撒切尔夫人的都市顾问、南非国会议员、俄罗斯经济官员、中国国务院副总理和市长、日本的规划师。它襄助查特怒加、温尼伯、普罗维登斯三个都市的政府和基金会，设立类似的合作办法以指导市中心和河滨的重建。

反过来，为那些都市的未来而努力的人们，也更了解 LRC 的情况，相互间经常交换有关都市重建的经验与观点，也许对想改善他们都市的人有些用处。

## 挑战

致力于都市或街区重建的每个非营利组织，在它的组织结构、负责范围、灵敏度，以及在政府和社会资本领域的合作伙伴之间，总是遭遇不少挑战。虽然在不同时期会遇到不同程度的困难（对非营利组织这是很常见的），可是，LRC 仍然完成了下城的重建工作：

· 开发过程的复杂
· 缺乏管理权（无土地征用权）
· 缺乏与有权机关或其他关键领导人的联系
· 有限的资源（在追求共同目标时必须整合资源）
· 在维持营运的资源方面缺乏安全感

下城接待来自美国和世界各地的政府官员、基金会领导、都市规划师、建筑师、艺术家、学生：（由左至右）加拿大温尼伯市官员、北京艺术家、鲍尔州立大学学生。

与 LRC 合作的组织，有时候也会制造额外的麻烦，也有可能会与其他都市重建人士对质：

· 官僚作风
· 不同的目标
· 缺乏都市设计敏感度
· 不愿保护旧的，只欢迎新的
· 只是竞争，不愿合作
· 忽视中低收入者的需要
· 追求短期政治利益，饱受政治压力
· 缺乏开放、诚信的关系
· 不愿持续努力

## 重建成功的决定因素

尽管有这些困难，凭借坚持不懈的努力以及与政府和社会资本各方的合作，LRC 将下城从闲置仓库的集合地转型为充满活力并足以继续再创造和发展的社区。以下城经验为例，引导复兴的决定因素如下，这对于任何城市村庄的发展都很重要：

### 公益平台

都市的兴衰有赖于它的公益平台。领导力、资金、合作组织、负责的媒体、有识的市民、跨学科专业人才，在都市重建中形成这个平台。LRC 和下城受益于有远见又无私之人的领导。

### 民选的领导

市长乔治·拉蒂默是一位有前瞻性和热诚的领导人，为 LRC 和其他人的工作建立了坚固的基础（不易破坏）。他能够和劳资双方一起合作，把人们聚集起来，创设非营利组织以补足和协助市政府；他非常善于与人沟通，使自己四周围绕着很多能干的参谋，尤其是狄克·布罗克尔（Dick Broeker）和彼得·海姆（Peter Hyme）。拉蒂默甚至有耐心倾听"星期一意

市长乔治·拉蒂默（前）联合政府、社会资本方、非营利组织各方面的领导共同为圣保罗的未来而努力。

见”，即不便在星期五干部会议上公开表示他们建议的个人言论。

LRC 帮助打破持续数十年的衰落、吸引新投资、创造就业、扩大税基，以及建立一个新的城市村庄。

*那是个有着恬静的自然的地方，然而其中的每一件事，无论是音乐、生活、艺术，都十分积极和充满活力。那是种精巧的平衡，对我而言，那才是社区的本质。*

*——杰夫·希尔，*

*（Jeff Heegaard）*

*企业家、环境保护领导者*

## 明智又慷慨的资助人

麦肯奈特基金会大胆地先期资助 1000 万美元（而非小额的每年度资助）给圣保罗市。总裁拉斯·埃瓦尔德（Russ Ewald）和董事长弗吉尼亚·宾格尔（Virginia Binger）要求成立一个独立的非营利组织来推行工作，因此创立 LRC。LRC 成立后，基金会也避免对其进行干预。在向 LRC 注资之前，基金会申请国税局审核两项贷款以确定今后贷款均合法。基金会经常表示支持 LRC 的运作，还不时关怀 LRC 总裁的薪水是否足够。LRC 定期向麦肯奈特基金会董事长提交工作报告，以建立信心与支持。

## 有经验又尽心的董事会

在 LRC 董事会的优秀领导中，银行家菲尔·内森最为突出。为了能够处理复杂的融资，需要时，他可以将投资者和开发商聚集起来。忘我又无私的他，是个细心的倾听者。一生热爱圣保罗，他虽愿意承担风险，却很谨慎运用资金。他信任 LRC 的职员，以及尊重布理格斯与摩根法律事务所（Briggs and Morgan）的私人助理罗恩·奥查德（Ron Orchard）的建议。他交涉重要的交易，甚至挽回个别项目无法获得的贷款。

其他值得一提的董事会成员，包括鲍勃·赫斯（Bob Hess），他长期担任劳工领袖，服务于美国劳工总会与产业劳工组织（AFL-CIO）长达 26 年，并担任前董事长。与劳工、政治人物和商人有广泛联系。与铁路大王希尔家族有联系的市民领袖理查德·斯莱德（Richard Slade），能够抵抗政治干预（例如有位市长建议将 LRC 与河滨公司合并，却没有和两个单位任何人商谈过）。斯莱德也是位精于理财的领导，他明智地建议设立 LRC 未来基金，现在可用于下城社区建设。埃米莉·希塞（Emily Sissel）则发挥她身为房地产律师的专长，并对抗来自短视的政治领导的不合理要求。第一浸信会的牧师比尔·英格兰德（Bill Englund）帮助社区发出心声。画廊业主罗杰·尼尔森（Roger Nielsen）提出了一个新的想法以助艺术社区的发展。

## 街区领导与市民参与

下城内外的街区领袖，以及目前和将来的居民及工作者，为下城的更新激发出这个富有创意的混合发展形式。而且他们更是布鲁斯·文托自然保护地重建和米尔斯公园转型的推动力量。

### 跨学科的技能与人才

应对手中的特殊工作，需要专门的技能与人才。设计技能、对艺术、环境、资源保护的重视，以及能解释、认知、将它们运用到其他方面的能力，让 LRC 能够主张可持续发展的设计；协助招募建筑加入区域供暖系统；重建 330 万平方英尺的仓库空间；推动利用替代能源；鼓励建筑师、景观设计师、市府规划人员共同参与设计；支持公共艺术——米尔斯公园、儿童游乐场、下城艺术大道、人行天桥画廊、加尔捷广场。

## 领导才能和技巧

除了公益平台外，培养某些个人的才能和技巧对于实施都市再开发工作，乃是关键。LRC 发现创意愿景、坚守规则、耐心劝说、坚持不懈、愿意分享荣誉、愿意承担失败，都有助于完成目标。

### 创意愿景

开发城市村庄需要开放的心态，愿意探索多种可选方案，以达最佳的解决之道，借鉴并改进最佳做法，有宏观的视野，并愿意创新。它需要招揽各种人才——从建筑师、艺术家到景观设计师——以创造多种可选设计方案、设定设计导则并发布，严格执行预算。这种为了灵感而寻找、认识、提出方案；向他人学习；不重复错误（不论是谁的）的能力，是非常重要的。

### 财务纪律

早期的投机者为了使开发商愿意为他们建造资产，而要求过度的资助，都遭到 LRC 的反对。在北区的市场尚未建立前，它也拒绝了市府庞大的资金要求。此外，它反对加尔捷广场开发商额外要求的 100 万美元，以及在另外一案中，拒绝开发商和市府为了一处阁楼共管式公寓和农民市场所要求的 200 万美元资助。LRC 聘请财务专家和法律顾问审查资助申请，尽可能减少贷款。作为最后的融资者，它必须先确定其他政府和社会资本

布鲁斯·文托自然保护地、自行车道、计划中的解说中心等为居民和艺术家提供了一大片享受自然生态的好地方。

*为了建设未来，我们需要一代平民英雄，这些人——不管他们从事何种行业——有勇气做新思考，并且付诸行动，以面对迎面而来的宇宙危机。*

*——阿尔·戈尔*
*（Al Gore）*
*美国前副总统*

在联合车站入口的轻轨捷运服务站愿景。

联合车站复建完工后，于 2012 年底举办了开放日活动，吸引了大批民众参与。

方是否已先贷款给开发商。

## 劝说的能力

劝说他人的能力，协助 LRC 更好地与开发商和市府人员沟通有关社区关键利益、地方感、历史环境以及设计的关键点。劝说的技巧帮忙 LRC 解决困难和找到更好的设计方案，譬如使馆套房酒店、联合车站厅堂、麦考大楼、瑟柏里大道沿线的建筑立面，以及米尔斯公园四周的建筑，包括加尔捷。它说服企业落脚下城，如陈丽安、HomeStyles 出版社、gofast 网络公司、gov.com 公司、克里斯托斯餐厅等。LRC 也说服一位费城的开发商投资 6500 万美元在三栋建筑上，和一位来自亚特兰大的开发商投资两栋建筑物和一个新停车场。

## 愿意承担预期的风险和失败

LRC 分享它的失败经验，在尝试未曾做过的工作时出现失误，亦在预料之中。它的失误，包括市中心接驳公交车、北区历史建筑认定、维持加尔捷广场中型开发规模、劝说市府将迁移的华纳路建在高架上、将历史墙向前移、建议加斯瑞实验剧场落脚下城及加斯瑞剧院的布景工作室迁到北区。这些工作都以失败告终，但每项工作都留下了一些经验。

## 坚持不懈的努力

成功的都市重建者不会轻言放弃。LRC 在艺术家住房项目上失败

由于联合车站的复原、美国铁路的回归、轻轨捷运和高速铁路，加上康乐设施、历史魅力、河川之美，下城将变成前所未有的宜居、富有创意、可持续发展、环保的城市村庄。

下河滨公园是下城绿色城市村庄的一部分。

了三次，但第四次成功了。一顺百顺，接下来三个类似的项目接连取得成功。其他因坚持不懈而成功的案例还有很多，包括 LRC 对邮政局搬迁的长期斗争、恢复联合车站、对人行天桥的地点和加尔捷大楼设计的干预、联合艺术家和景观设计师共同为米尔斯公园作创意设计、与纽约化学银行达成良好的交易，以及适当的设计导则赢得酒店开发商的支持。

### 愿意分享荣誉

LRC 通常在幕后工作，并不追求荣誉。它很高兴与其他人分享荣誉，譬如总统奖（Presidential Award）、国家古迹保护协会荣誉奖（National Trust Honor Award）、为美国骄傲奖（Pride in America Award），以及入围布鲁纳卓越都市奖（Bruner Award for Urban Excellence）。甚至邀请其他七位参与者参加白宫的颁奖典礼。

### 开发策略

最好的策略就是行得通的那个策略。LRC 发现，平衡、整合、搭建沟通的桥梁、创造双赢，能够获得最佳的结果。

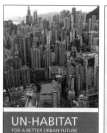

LRC 和世界各国的城市分享它宜居、富有创意、可持续发展的城市建设经验。

### 共生的策略

LRC 在经济发展和环境保护之间寻求平衡；寻求改变而不失连续性，重建却无高档化；寻求包含了最好的新与旧之结果——一个创意的、宜居的、公平的可持续发展的下城。

### 设计、营销、融资的整合

LRC 整合了设计、营销、融资处理各方案，譬如联合车站厅堂（提供52 万美元的担保、帮助选择建筑师、招募陈丽安和克里斯托斯餐厅），以及开发 KTCA、文化遗产之家、米尔斯公园、儿童游乐场、下河滨公园、布鲁斯·文托自然保护地、基督教青年会、威尔史东学院（Wellstone Academy，前土星学校，LRC 说服圣保罗学校董事会开设市中心实验学校的结果）、街景项目、艺术展览会，以及在米尔斯公园与巨厅举办的音乐会。

*我们感谢下城重建公司长期在下城重建工作上的领导与奉献……当全美社区在寻找一种有效机制各自再生的时候，圣保罗提出了一处有益的范例供研究和实践。*

*——迈克尔·奥基夫*
*（Michael O'Keefe）*
*麦肯奈特基金会*
*执行副董事长*
*（1989～1999年）*

## 搭建沟通桥梁

为了共同利益而与许多伙伴合作，服务于各种项目组、董事会、委员会。LRC 参与的团体，包括车站选址调研组（由拉姆希县设置，以决定新的多式联运终点车站的位置）、州府河协会、市中心开发策略项目组、下飞冷指导委员会、海姆酿酒厂项目组、钻石工厂厂区改造项目组、北区项目组等机构。

和 LRC 一起合作的组织和专家包括有州府河协会、圣保罗市政府、河滨开发公司，以及米尔斯公园设计项目组、圣保罗市景观设计师、委任的艺术家，还有其他许多个人和社区咨询委员会，譬如下城艺术大道项目组、圣保罗公共艺术、圣保罗工务局、市中心人行天桥项目组。

## 创造双赢局面

在与不同项目中的多个团体合作时，LRC 小心翼翼不选边站，始终以社区利益为前提，以便襄助它所有的合作伙伴，达成双赢。当它经手使馆套房／农民市场项目时，这个方法尤其有效。

## 有效沟通

如果没有办法将价值和理念传达出去，或者说服别人，那么所谓的公益平台、培养独有的风格，以及明确的策略，都将失去意义。LRC 发现面对面会议、与媒体联络，以及各种类型的宣传和交流资料，对于下城的重建，至关重要。

LRC 通过参加会议和招待来自世界各国的市长、规划人员、开发商、学生等来分享它的经验。

### 通过面对面会议建立信任

LRC 利用私人会议帮助投资者觉得安心：招募一位费城开发商给下城投资了 6500 万美元；实现历史地区认定，因此产生税收抵免；招募陈丽安餐厅、Homestyles 出版社、gofast.com 网络公司到这个区域；组织下城居民和一位专门从事低收入住房供给的开发商进行面对面交谈，以增进认识与信任。

### 与媒体合作

长年及锁定目标的沟通，有助于传达关键性的公共问题、产生公共意见，以及促使政治领袖为公共利益而展开行动。LRC 与本地报纸的编辑人员合作，协助阻止邮政局服务扩张至河滨；与记者和编辑阻止拆除克瑞恩大楼；跟其他新闻界成员制作有关本区史迹认定的正面报道，并保护投资的可能性与希望。

### 及时、恰当的营销材料

LRC 利用市场调查、小册子、视频、渲染图、建筑模型、广告、活动、研讨会对投资者介绍下城的愿景和市场潜力。人们的口头宣传或者

尼尔·皮尔斯（Neal Peirce）专栏称赞下城为全美"城市村庄"的典范，出现在全美 150 家报纸上，包括圣保罗《先锋报》（1985 年 6 月 23 日），使更多人了解下城的改变。

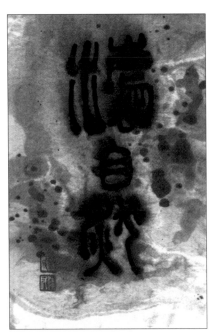

道法自然，篆书，卢伟民 1986 年书，明尼苏达艺术馆收藏。

"传染式营销"（Viral marketing）有助于把新企业和居民吸引到这个地区。对三重谋杀案的快速回应帮助艺术家哀悼遇难者和表达支持、募款、写专栏文章，以及促使市府在下城设置警察派出所，以促进居民对下城安全的信心。

## 结论

虽然遭遇许多挑战，下城重建公司感谢强固的公益平台建设之赐，并通过运用前面提到的方法、技巧、素质、策略，最后依然达成下城的重建。

遇到的困难包括许多提案，例如在河滨建棒球场、农民市场迁移到河对岸、邮政局扩张到河滨，以及 LRC 并入河滨开发公司。LRC 顶住压力没有提供重大资金给大北方阁楼，以及提供巨额的预先资助给北区项目，否则将导致其资金枯竭，并迫使它提早关门大吉。此外，它抵制了一项暂时阻碍布鲁斯·文托自然保护地的足球场提案（也受到大规模住房的威胁），以及另一项几乎迫使儿童游乐场拆迁的提案——在邻接联合车站及 KTCA 的地方建一座塔楼。

尽管有这些挑战，下城重建公司在许多人的协助下仍能够为下城建造一个创意、宜居、可持续发展的街区。它的经验验证了那句格言——少数肯奉献的人可以做许多事情而改变这个世界（至少是他们所生活的空间），而且是在这个世界上产生一个良好改变的例子。下城给它的居民提供认同感，吸引游客，以及刺激经济发展，同时让这个街区表现出独有的风格。

LRC 将它在都市重建方面 30 年的经验，与美国的其他都市和其他国家的都市分享。每个都市都有它自己的历史和地理，虽然使用圣保罗的方法在有些都市也许有用，但都市重建却没有魔术公式，而且当规划再开发时，每个都市都必须考虑它的独特性和环境。每个都市领袖必须明了，重建是一个持续的过程——不论过去的更新工作有多么成功，时代和环境的变化，限制和资源上的改变，都要求在现实中有一派新景象。

如同丘吉尔所言："你能看到多远的过去，就能看到多远的未来。"建立一个健康、充满活力、可持续发展的都市或街区，永无完成之日。一个阶段结束，另一个业已开始。新时代的领导者已经出现在下城和圣保罗市。未来掌握在他们手中。

# 附录　媒体报道

St. Paul Pioneer Press Dec. 11, 1997, p. 1D

# Company wants to raze Lowertown warehouse

## ■ Commission likely to reject request at meeting tonight

**LARRY MILLETT** STAFF WRITER

**A** major preservation battle is shaping up over a proposal to demolish the 93-year-old Crane Building in St. Paul's historic Lowertown district.

The city's Heritage Preservation Commission, which administers the district, will vote tonight on a request by the Baillon Co. of St. Paul to raze the nearly vacant six-story warehouse and replace it with a 29-car parking lot.

It is almost certain that the commission will turn down the request, setting the stage for an appeal to the St. Paul City Council.

Located at the northeast corner of Fifth and Wall streets, the orange brick building is one of 39 designated historic structures in the Lowertown district, which has seen a flood of residential and commercial redevelopment in the past 20 years.

But that redevelopment surge has bypassed the Crane Building — in part, say its owners, because of inherent problems with the structure. Its drawbacks include unusually small and high windows (making the building unattractive for residential reuse), lots of pillars, a small floorplate (the space on each floor), a leaky roof, and poor mechanical, electrical and heating systems.

Paul Baillon, who with his father, John, runs the Baillon Co., says the company has been trying without success to sell or lease the building since acquiring it in 1978.

"Over the past several years we've probably had 50 people look at the building," he says. "We've also listed it with six or seven different commercial real estate brokers. We've tried everything we can think of."

But a staff report prepared for the commission says that Baillon has overpriced the building and that opportunities for redeveloping the property remain.

CRAIG BORCK/ PIONEER PRESS

The Crane Building, in St. Paul's historic Lowertown district, is located on the northeast corner of Fifth and Wall streets. The building's owners are seeking a permit to replace the warehouse with a 29-car parking lot.

CRANE CONTINUED ON 8D ▶

**8D** C  SAINT PAUL PIONEER PRESS  THURSDAY, DECEMBER 11, 1997

# CRANE

CONTINUED FROM 1D

The asking price for the 65,000-square-foot structure is $1.4 million, even though its assessed valuation is just more than $200,000.

"It appears that the sale price of the Crane Building has been a very significant obstacle to its reuse," says the report written by preservation planner Aaron Rubenstein. "A realistic, market-based price could result in significant investment in the building which would result in much greater economic value and usefulness than would a parking lot."

Possible new uses for the building, the report says, range from light industry to artist studios to storage.

Paul Baillon, however, contends that it is the high cost of rehabilitating the building, not the purchase price, which has deterred redevelopment. He says it would cost $4.5 million or more to convert the building into housing. That is more than the cost of comparable new construction, he says.

But the commission is unlikely to be swayed by such arguments, given the building's architectural and historic significance.

Built in 1904, the structure originally served as a warehouse for the Crane and Ordway Co., which specialized in plumbing and steamfitting supplies. One of the owners, Lucius P. Ordway, went on in 1905 to acquire a controlling interest in the Minnesota Mining and Manufacturing Co. (now 3M) and served as its president from 1906 to 1909.

The warehouse was designed by the St. Paul architectural firm of Reed and Stem, whose other works locally include the St. Paul Hotel and the University Club on Summit Avenue.

Rubenstein's report says demolition of the Crane Building "would be terribly detrimental to the context of surrounding buildings and to the character, integrity and quality of the Lowertown Heritage Preservation District."

By contrast, Paul Baillon contends that razing the building actually might benefit Lowertown by providing much-needed extra parking for the popular St. Paul Farmers Market, located directly across Fifth Street.

The owner of the nearby Allen Building, at Sixth and Wall streets, disagrees. In a letter to the commission, Charles W. Erickson of the Dacotah Companies says that "there is no reason why the Crane Building cannot be suitably renovated and put back into economic use."

Weiming Lu, president of the Lowertown Redevelopment Corp., also opposes the proposed demolition, as does the Preservation Alliance of Minnesota.

If, as expected, the commission refuses to approve a demolition permit, there will be an appeal to the City Council, Paul Baillon says. But if the council also denies the request, then Baillon's only option would be to take the matter to court.

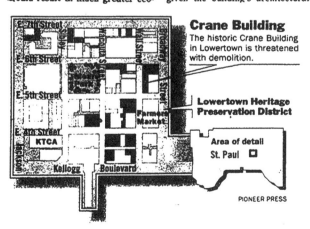

## Crane Building

The historic Crane Building in Lowertown is threatened with demolition.

**Lowertown Heritage Preservation District**

Area of detail St. Paul ☐

PIONEER PRESS

# It Takes a Cyber-Village

**Tech companies find a haven in St. Paul's Lowertown.**

BY JULIO OJEDA-ZAPATA

STAFF WRITER

PHOTOS BY CHRIS POLYDOROFF/ PIONEER PRESS

Cyber-entrepreneur Kate Wolfe-Jenson once toiled in isolation. Her Web-design firm, Berkana Productions, ran off an Internet server in her St. Paul apartment, which was ill-suited for meetings with her employees and clients.

Leaving home also was an ordeal. Wolfe-Jenson needs to use a motorized cart because of multiple sclerosis, and she often battled snowdrifts on city sidewalks.

Wolfe-Jenson yearned for a neighborhood that would meet her professional and personal needs — a "cyber-village" with convenient office space, a state-of-the-art telecommunications infrastructure and easy-to-navigate walkways linking home and work.

As it happened, such an urban village could be found about a mile away in downtown St. Paul's historic Lowertown district.

This once-dormant neighborhood has been revitalized over the past 18 months by a dramatic influx of computer- and Internet-related companies, many of which have high-profile clients and money to burn.

The number of high-tech firms in Lowertown has nearly tripled in the past year — about 30 now have facilities there — and more companies are contemplating moves from downtown Minneapolis and other parts of the Twin Cities.

Some tech-heads also are choosing to live in Lowertown. Wolfe-Jenson and her husband, Ralph Jenson, moved into a high-rise apartment overlooking Mears Park in May, about a year after she transplanted Berkana Productions into a small office adjacent to the park and less than a block from the gofast.net Internet-access company her spouse co-founded in 1994.

Computer technology, baby feedings and historic brick facades are all part of Lowertown's burgeoning "cyber-village." Kate Wolfe-Jenson and Ralph Jenson rent an apartment in this downtown neighborhood and operate high-tech businesses in offices adjoining Mears Park. They are delighted with their urban lifestyle, which gives them more time with 10-week-old Alexis.

And, about two months ago, baby made three.

"Everyone keeps telling me, 'With a baby, now you'll have to move to the suburbs,'" Wolfe-Jenson says. "I resist that. I want to stay downtown. I can do almost anything I want in the skyway system (and) the cyber-village provides better options for Internet access. My life is all here."

Downtown St. Paul's movers and shakers are scrambling to tout Lowertown as one of the city center's jewels, along with the nearly-completed RiverCentre convention complex, a soon-to-be-built Lawson Software headquarters and a planned professional-hockey arena.

The Lowertown Redevelopment Corp., one of the first to coin the cyber-village term, is releasing slick brochures that brag, "In all of the Twin Cities, there is only one cyber village — and it's @lower town!"

City leaders are taking notice. On Dec. 4, Mayor Norm Coleman will convene a meeting of business and technology leaders to scrutinize the cyber-village and ponder

Tim Cameron has just moved his 10-person Camworks staff (including vice-presidents Paul Lundberg, center, and Scott Owens, left) into spacious new offices in the Army Corps of Engineers Centre. Their eclectic Lowertown suite has soaring windows, wide-open work spaces and geometric wall partitions painted in butterscotch, cream, midnight blue, sage green and scarlet red.

CYBER-VILLAGE ‹‹‹‹‹ ‹ 2F ▶

▼ CONTINUED FROM 1F

how further growth can be encouraged.

Planning is under way for a Lowertown Cyber-village SIG (special-interest group) that would be a technology-oriented subset of the St. Paul Area Chamber of Commerce.

"The cyber-village has become a very effective marketing tool," says Patrick Loonan, head of the Capital City Partnership, downtown's privately funded promotional arm. "When talking to companies (outside downtown), it's an immediate door-opener. They see an advantage to co-locating with other high-tech companies in Lowertown."

Not everyone is giddy about the neighborhood's recent growth. Some argue that the cyber-village is little more than a zingy moniker, and that recently arrived technology firms lack a common agenda, effective leadership and ways to efficiently intercommunicate.

## Village began last year

Still, Lowertown's high-tech community has come a long way since October 1996, when TECH first reported on the then-embryonic enclave of Internet-access specialists, Web-content creators, electronic-services providers and telecommunications experts.

At the time, fewer than a dozen high-tech companies had set up shop in the buildings surrounding Mears Park, and some wondered whether talk of a computer-powered urban utopia was premature.

"I thought it was a little overblown," says Win Mitchell, who then worked as a prepress manager at Swift Steve's Insty-Prints in Lowertown. "There were too few companies, which didn't interact like (residents of) a true village...I only saw the public-relations (blitz) of a few companies that were driving the cyber-village concept."

One year later, Mitchell has a different view. As vice president for technology at DigitalNet, a Swift Steve spin-off that offers traditional printing services to Internet users, he now believes in the cyber-village. "It's healthy and alive...with more companies down here, the concept is taking off."

Mitchell jokes that the neighborhood could even field a softball team, the Cyber-village Random-Access Memories (or RAMs).

Many sectors of the information-technology industry are currently represented in Lowertown, which has become a smaller version of New York's famed Silicon Alley or San Francisco's Multimedia Gulch, and a counterpart to the tech-intensive Minneapolis Warehouse District and Boston's budding Cyber District. Consider:

■ Brooks Fiber, a Missouri-based phone-service provider and US West competitor, has installed a Lowertown switching station and miles of fiber-optic pathways for state-of-the-art data communications in downtown St. Paul and throughout the east metro. (It also has facilities in Minneapolis.)

■ Lowertown's Web-programming firms are snagging big clients. GeneSys, which assembles Web databases, recently did work for Adidas. Camworks, another online-database developer, has fielded assignments from American Express, Carlson Companies, First Bank System, General Mills and others.

■ Web-design and multimedia firms are proliferating in Lowertown. Companies include HomeStyles, a leading publisher of home blueprints on CD-ROM, and Connecting Images, which has designed 3M trade-show kiosks and the Ordway Music Theatre's Web site.

■ Software- and hardware-development firms are finding homes in the cyber-village, giving it a Silicon Valley flavor. The most prominent is Fourth Generation, a software developer that is working with IBM on a major Java-programming project dubbed "San Francisco."

■ Other firms are wooing customers with a dizzying array of high-tech services, ranging from online business-stationary design and electronic-transaction processing to digital-image retouching, Web-site hosting, data warehousing, Macintosh-computer troubleshooting and voice-activated phone-system design.

"Lowertown is the place to look for all your high-tech needs," says gofast.net spokesman Phil Platt. "But not everyone knows that. We'd like to make the cyber-village's existence more apparent to the general public and especially the business community."

## Net provider draws firms

Gofast.net is perhaps the cyber-village's most important patron. As Lowertown's main provider of high-speed Internet services, it has helped wire more than a half-dozen buildings for high-speed data networking and even provided wireless Net access. Such amenities have drawn high-tech firms to the once-desolate neighborhood.

"Gofast has been a magnet," says Dan Grigsby, founder of MerchantPlanet, a cyber-village firm that provides electronic-transaction processing and other e-commerce services. "I'm a bandwidth junkie, and (our Lowertown location means) we're part of gofast's local computer network."

MerchantPlanet is one of several small companies (including Berkana Productions) that share space in gofast.net's Internet Office Suites, a set of six adjoining offices with shared meeting-room facilities and other business-related perks.

This "incubator" has helped create a community of like-minded entrepreneurs who "are all bootstrapping themselves," says Grigsby, who relishes Friday-night beer bashes at the gofast.net offices and impromptu hackey-sack matches in Mears Park with workers from other cyber-village firms.

"I used to be isolated when I worked in the suburbs," he says. "But now I can easily see what others in the Internet community are doing. We're all specialists (in our fields), so we can easily exchange ideas."

Weiming Lu, president of the Lowertown Redevelopment Corp., also is credited with spurring cyber-village growth during the past year — though some say his influence has waned as gofast.net and others have achieved prominence.

Lu acknowledges that Lowertown businesses have their own ideas about how to erect a cyber-village and says he refrains from "superimposing" his own notions.

But some high-tech companies might never have moved to downtown without Lu's intervention. Camworks is one example. Founder Tim Cameron recalls that the managers of the Army Corps of Engineers Centre regarded his 10-person firm with skepticism and seemed to prefer other, more traditional applicants.

"Weiming communicated the cyber-village concept and put pressure on the building owners," says Cameron, who has just settled into his new digs. "He let them know we were the perfect company for that space...Weiming is low-key in his approach, but things seem to happen when he gets involved."

Anthony Capers, general manager of Brooks Fiber Communications of Minnesota, says Lu and Loonan were instrumental in getting a Brooks Fiber switching station installed in the Army Corps of Engineers Centre.

"We made a conscious decision to stay in the Lowertown area after meeting with (them)," Capers says. "There are many cyber-based businesses there that have a need for our services, so it made sense for us to be in the middle of that."

## Cyber-village has critics

Not everyone praises Lu. Terry Hickey, president of Connecting Images, says she isn't impressed with cyber-village promotional efforts to date.

"Though the concept of a cyber-village is appealing...it hasn't really become a reality, except for the fact that (a bunch of high-tech firms) have office space down here," she says. "There are (few formal) gatherings and no good way to share information on an ongoing basis. When someone moves down here, you find out only by word of mouth."

A true cyber-village, with a shared agenda and intercommunication that goes beyond chance meetings in the skyway system, won't emerge unless Connecting Images and the other high-tech companies get help, Hickey argues.

"Everyone is so busy building their own businesses," she says. "Who has time to (also) create an association? We need administrative help, and a place to hold meetings. We need leadership. Someone has to be responsible for leveraging the cyber-village concept...creating joint promotions and generating some excitement."

That may be starting to happen, Hickey notes. She describes Phil Platt of gofast.net as "a doer" and praises his recent efforts to draw companies downtown and act as a cyber-village cheerleader. She is hopeful that the upcoming meeting with the mayor may lead to more concrete community-building.

Sean Kershaw, director of the City of St. Paul's Business Resource Center (part of the Department of Planning and Economic Development) admits that "we have been supportive (of the cyber-village mainly) from afar." But he says the city is looking for ways to become directly involved.

"The city has identified the high-tech industry as one of several 'targeted' industries that (merit) special outreach efforts," Kershaw says. The new office, retail and parking complex being designed for Lawson Software Co. near Rice Park is part of this push, he notes.

"We've received calls from businesses that work with Lawson," Kershaw notes. "They now want to be in downtown St. Paul because Lawson is moving downtown."

High-tech firms seem happier when they're grouped together, even in an Internet era when online videoconferencing and multimedia-enhanced e-mail allow for instantaneous cross-country communications, gofast.net president Jeff Altom has discovered.

"Proximity is important because you get to know your neighbors," Altom says. "People deal with people. With face-to-face meetings, you develop a trust."

Such relationships have led to several cyber-village collaborations, each involving two or more companies, he notes.

One such partnership produced the new Courage Cards and Gifts Web page (www.couragecards.org), which sells the nonprofit Courage Center's line of holiday cards and merchandise. DigitalNet assembled the intricate site and Dan Grigsby's Merchant Planet provided a computerized system for processing online orders.

**Turn to www.pioneerplanet.com/technology for more information about the Lowertown cyber-village and urban high-tech trends. Online resources include:**

**■ A comprehensive directory of Lowertown tech firms**

**■ Recent articles about tech activity in St. Paul, Minneapolis, New York City, San Francisco and Boston**

"We were looking for someone local...and we became one of MerchantPlanet's first customers," says DigitalNet president Steve Jecha. "We liked that we could just walk into Dan's office.

"We've worked with people on both coasts, and we know there are pitfalls to (business relationships) conducted by phone and e-mail," Jecha says. "If they don't do the work, you can't get in their face and say, 'What the heck is going on?' "

## Cyber-village may diversify

Cyber-village boosters hope that broader Lowertown relationships may eventually develop — between techies and the artists that inhabit Lowertown lofts and co-ops, for instance.

"Artists might make technical people rethink their ways of doing things — by changing the look and feel of a Web site, for instance," says Mark Christenson, president of Orbis Internet Services, a St. Paul Internet-access provider that has begun moving its staff to Lowertown. (Christenson recently rented an apartment in Lowertown.)

Earlier this year, gofast.net's Platt attempted to organize a "cyber-crawl" — a public tour of cyber-village companies modeled on the successful Lowertown Art Crawl — but shelved the idea because potential participants were too busy. He plans to try again next year.

Platt, Lu and others envision a cyber-village that is more than a close-knit collection of businesses. They want Lowertown residents — such as Galtier Plaza condominium owners and inhabitants of the Cosmopolitan and Mears Park Place rental complexes — to become part of the mix.

Gofast.net has had preliminary discussions with the Lowertown Lofts complex, Galtier Plaza management staff and others about providing high-speed Internet connections to residences. Though Lowertown is a booming residential district, most households lack the high-end data-networking amenities that gofast.net has extended to its business clientele.

"Electronic communication can broaden personal (relationships) beyond those inside Lowertown's residential buildings," many of which are thriving social centers, Altom says. "Online forums can tell people what is happening to Mears Park and local businesses. They can find out what resources they can draw on, and who has similar interests and ideas.

"That won't happen with people running into each other in the skyways and on the street," he says. "In a cyber-village, electronic communication is a perfect avenue. It fills a void."

《圣保罗先锋报》，1997 年 11 月 24 日

# 参考文献及辅助阅读资料

LRC：下城重建公司
MHS：明尼苏达历史协会
ULI：城市土地学会

**From LRC Archive, MHS, St. Paul**

Baymiller, Joanne. 1986 (July). St. Paul: Its Lowertown redevelopment shows impressive results. *Architecture Journal* 75 (5): 46–61.

City of St. Paul. 1978 (February). The Lowertown Redevelopment Opportunity: A Proposal Prepared for the McKnight Foundation.

Dean, Andrea Oppenheimer. 1983 (November). New way of reviving an old neighborhood: Innovation in St. Paul's Lowertown. *Architecture* 72 (11): 72–74.

Economic Research Associates. 1979. Housing Market Analysis for Block 40.

ELS Design Group, The (Architects and Urban Development Consultants). 1980. Block 40 Mixed-Use Development, Schematic Feasibility.

Eric Wieffering. 1985 (June 26). Weiming Lu and the Lowertown Renaissance. *Twin Cities Reader*, 16–17.

Hammer, Siler and George Associates. 1988: Strategic Review of Lowertown Program.

Lanegren, David A., Cynthia Seelhammer, and Amy L. Walgrave, eds. 1989. *The Saint Paul Experiment: Initiatives of the Latimer Administration*. St. Paul: The City.

Lee, Antoinette J. 2008. An interview with Weiming Lu. *CRW Journal* 5 (2): 15–27.

Leonard Inskip. 1985 (JUNE 10). Developers blend old with new in St. Paul district. *Minneapolis Star and Tribune*, p. 23A.

Lockhart and Newman, Architects. 1980. Schematic Design for Galtier Plaza.

LRC and City of Saint Paul (in collaboration with federal and state governments). 1981. Negotiated Investment Strategy.

LRC and the National Trust for Historic Preservation (with participation of 10 U.S. cities). 1997 (June 27). A Symposium on Central Cities' Vision and Strategy.

LRC. 1978–2006. Board meeting minutes, loan agreements, newsletters.

———. 1979 (April). An Emerging Future for Lowertown.

———. 1980. *Welcome to Lowertown: Saint Paul's Exciting New Urban Village*. (Brochure).

———. 1981 (August). Partnership in Lowertown: A Presentation of Lowertown Urban Village Vision and Strategy for Development.

———. 1988. Community retreat briefing.

———. 1993 Strategic Plan.

Lowertown, St. Paul, and Minneapolis news clippings. 1978–2006.

LTK Consulting Engineers and Zimmer, Gunsul, Frasca Partnership, Architects. 2004 (November). Depot Feasibilities Study.

Mack, Linda. 1986 (December). The rise of Galtier Plaza. *Architecture Minnesota*, 52–57.

Maxfield Research, Inc. 1999 (August). Housing Market Analysis and Demand Estimates for Downtown St. Paul.

———. 2004. Economic Impact of Lowertown Redevelopment Program, 1979–2004.

McComb Group, Ltd., The. 1978, 1988, 1993. Economic Impact of Lowertown Redevelopment—1978 to 1985, 1978 to 1988, and 1978 to 1993 .(Three reports).

———. 2002 (January). Lowertown Housing Development Opportunities, prepared for LRC.

McKnight Foundation, The. 1988. Evaluation of Three Program-Related Programs.

Peirce, Neal. 1989 (December). Area targeting to remake city: The payoff of breath and persistence. (Syndicated column).

Rafferty, Rafferty, Tollefson Architects and Edward and Kelcey. 1994 (April). Lowertown River Garden. Prepared for LRC and City of Saint Paul.

Ramsey County Historical Society. 1982. Historic Site Survey of Lowertown, Saint, Paul.

Saint Paul Heritage Preservation Commission, The. 1988. *Historic Lowertown: A Walking Tour.* (Funding support of National Park Service, LRC, and Lowertown Community Council).

Wilder Foundation Community Consulting Group. 2004. Strategic Review of Lowertown Program (including community retreat, April 23).

Zimmer, Gunsul, Frasca Partnership. 2005 (March). Urban Village Vision (Consultant report on Union Depot and riverfront development prepared for LRC.

**Urban rejuvenation**

Bunnell, Gene. 2002. *Making Places Special.* Chicago: American Planning Association.

Collins, Richard, Elizabeth Waters, and A. Bruce Dotson. 1990. *America's Downtowns: Growth, Politics and Preservation.* Washington, DC: Preservation Press. *See* pp. 116–19, St. Paul.

Frieden, Bernard, and Lynne B. Sagalyn. 1989. *Downtown Inc: How America Rebuilds Cities.* Cambridge, MA: MIT Press.

Garvin, Alexander. 2003. *The American City: What Works, What Doesn't.* New York: McGraw-Hill.

Gotham, Kevin, ed. 2001. *Critical Perspectives on Urban Redevelopment.* Oxford, England: JIA.

Grantz, Roberta, and Norman Minitz. 1998. *Cities Back from the Edge: New Life for Downtown.* New York: Wiley and Sons.

Grogan, Paul, and Tony Proscio. 2000. *Comeback Cities: A Blueprint for Urban Neighborhood Revival.* Boulder, CO: Westview.

Hayden, Delores. 1984. *Redesigning the American Dream: The Future of Housing, Work, and Family Life. New York:* Norton.

Hudnut, William H., 1998. *Cities on the Rebound: A Vision for Urban America.* Washington, DC: ULI.

Jacobs, Allan B. 1978. *Making City Planning Work.* Chicago: American Society of Planning Officials.

Kotler, Philip, Donald Haider, Irving Rein. 1993. *Marketing Places: Attracting Investment, Industry, and Tourism to Cities, States, and Nations.* New York: The Free Press.

Leazes, Francis, Jr., and Mark Motte. 2004. *Providence: The Renaissance City.* Boston: Northeastern University Press.

Lennard, S. H., and H. L. Lennard. 1995. *Livable Cities Observed.* Woodstock, NY: Gondolier.

Nelson, Arthur, R. J. Burby, E. Feser, C. J. Dawkins, E. E. Malizia, and R. Quercia. 2004. Urban containment and central city revitalization. *Journal of the American Planning Association* 70 (4): 411–25.

Partners for Livable Communities. 1985. *The Economics of Amenity: Community Future and Quality of Life.* Washington, DC: The author.

————. 1986: *The Return of the Livable City.* Washington, DC: Acropolis.

Peirce, Neal, Curtis Johnson, and John Stuart Hall. 1993. Citistates: How Urban America Can Prosper in a Competitive World. Washington, DC. *See* pp. 195–242, Dallas: Defining the future; and pp. 243–90, St. Paul: Building a new vision on the old.

Robertson, Kent. 1997. Downtown retail revitalization: A review of the American development strategies. *Planning Perspectives* 12: 383–401.

Takeru Kitazawa and America Urban Design Research Association. 2002. Chapter 6. Rejuvenation of Lowertown, St. Paul. In "City Design Management: A new agency for rejuvenating of U.S. cities". (in Japanese). Gakugei Press, Tokyo. 105-138.

U.S. Housing and Development Authority (HUD). 2000. *State of Cities: Megaforces Shaping the Future of the Nation's Cities.* Washington, DC: The author.

Wener, Richard, and Jay Farstein. 1996. *Building Coalitions for Urban Excellence: 1995 Rudy Bruner Award for Excellence in the Urban Environment.* Cambridge, MA: The Bruner Foundation, 99–120.

## Economic development

Bartik, Timothy J. 2005. Solving the problems of economic development incentives. *Growth and Change* 36 (2): 139–66.

Blair, J. P., and R. Kumar. 1997. Is local economic development a zero-sum game? In *Dilemmas of Urban Economic Development,* ed. R. D. Bingham and R. Mier, pp. 1–20. Thousand Oaks, CA: Sage. *See also* commentary, pp. 21–27.

Council on Foundations. 1993. *Program Related Investment Primer.* Arlington, VA: The author.

Graaskamp, James A. 1981. *Fundamentals of Real Estate Development.* Washington, DC: ULI.

Haughton, G. 1999. Community economic development: Challenges of theory, method and practice. In *Community Economic Development,* ed. G. Haughton. London: UK Stationery Office.

Johnson, C., and J. Man, eds. 2001. *Tax Increment Financing and Economic Development: Uses, Structures and Impacts.* Albany: State University of New York Press.

Malizia, E. M., and E. J. Feser. 1999. *Understanding Local Economic Development.* New Brunswick, NJ: CUPR Press.

Martin, Thomas J., et al. 1978. *Adaptive Use, Development Economics, Process, and Profiles.* Washington, DC: ULI.

Meir, Robert, and Richard D. Bingham. 1993. Metaphors of economic development. In *Theories of Local Economic Development: Perspectives from across the Disciplines,* ed. Robert D. Bingham and Robert Meir. London: Sage.

Peters, Alan, and Peter Fisher. 2004. The failures of economic development incentives. *Journal of the American Planning Association* 70 (1): 27–38.

Stout, Gary E., and Joseph E. Vitt. 1981. *Public Incentives and Financing Techniques for Co-development.* Washington, DC: ULI.

Sullivan, D. M. 2002. Local governments as risk takers and risk reducers: An examination of business subsidies and subsidy controls. *Economic Development Quarterly* 16 (2): 115–26.

Witherspoon, Robert. 1981. *Co-development: City Rebuilding by Business and Government.* Washington, DC: ULI.

**Public/private partnership**

Lasser, Terry Jill, ed. 1990. *City Deal-Making.* Washington, DC: ULI.

Levitt, Rachelle L., and John J. Kirlin, eds. 1985. *Managing Development through Public/ Private Negotiations.* Washington, DC: ULI and the American Bar Association.

Menzies, Walter. 2010. Partnership: No one said it would be easy. *Town Planning Review* 81 (4): i–vii.

Osborne, David, and Ted Gaebler. 1992. *Reinventing Government: How the Entrepreneurial Spirit Is Transforming the Public Sector.* Reading, MA: Addison-Wesley.

Wagner, Fritz W., Timothy E. Joder, and Anthony J. Mumphrey Jr., eds. 1995. *Urban Revitalization: Policies and Programs.* Thousand Oaks, CA: Sage.


**Historic preservation**

Anfinson, John O. 2003. *River of History: A Historic Resource Study of the Mississippi National River and Recreation Area.* St. Paul District, U.S. Army Corps of Engineers.

Appleyard, Donald, ed. 1979. *The Conservation of European Cities.* Cambridge, MA: MIT Press.

Bowsher, Alice Meriwether. 1978. *Design Review in Historic District: A Handbook for Virginia Review Boards.* Washington, DC: Preservation Press.

Byard, Paul Spence. 1998. *The Architecture of Additions, Design and Regulation.* New York: Norton.

Eaton, Leonard K. 1989. *Gateway Cities and Other Essays.* Ames: Iowa State University Press.

Moe, Richard, and Carter Wilkie. 1997. *Changing Places: Rebuilding Community in the Age of Sprawl.* New York: Holt.

National Trust for Historic Preservation. 1983. *With Heritage So Rich.* Washington, DC: Preservation Press.

Stipe, Robert E., ed. 2003. *A Richer Heritage, Historic Preservation in the Twenty-First Century.* Chapel Hill: University of North Carolina Press.


**Urban design**

Alexander, Christopher. 1966. *Notes on the Synthesis of Form.* Cambridge: Harvard University Press.

Alexander, Christopher, Sara Ishikawa, and Murray Silverstein with Max Jacobson, Ingrid Fiksdahl-King, and Shlomo Angel. 1977. *A Pattern Language: Towns, Buildings, Construction.* New York: Oxford University Press.

Barnett, Jonathan. 1982. *An Introduction to Urban Design.* New York: Harper and Row.

Berke, Philip R., David R. Godschalk, and Edward J. Kaiser, with Daniel A. Rodriguez. 2006. *Urban Land Use Planning.* Urbana and Chicago: University of Illinois Press.

Breen, Ann, and Dick Rigby. 1996. *The New Waterfront: A Worldwide Success Story.* New York: McGraw-Hill.

Chiang-ming Huang. 1991. Weiming Lu: An urban expert integrating new and old. *Open Spaces Magazine,* 75–85. (Taiwan, in Chinese).

Churchill, Henry S. 1962. *The City Is the People.* New York: Norton.

Clay, Grady. 1980. *Close-Up: How to Read the American City.* Chicago: University of Chicago Press.

Congress for the New Urbanism. 2000. *Charter of the New Urbanism.* New York: McGraw-Hill.

Craig-Smith, Stephen, and Michael Fagence, eds. *Recreation and Tourism as a Catalyst for Urban Waterfront Redevelopment.* Westport, CT: Praeger.

Fagin, Henry, and Robert Weinberg, eds. 1958. *Planning and Community Appearance.* New York: New York Regional Planning Association.

Fisher, Bonnie, et al. 2004. *Remaking the Waterfront.* Washington, DC: ULI.

Garreau, Joel. 1991. *Edge City: Life on the New Frontier.* New York: Doubleday.

Hall, Peter. 1988. *Cities of Tomorrow: An Intellectual History of Urban Planning and Design in the Twentieth Century.* Oxford: Basil Blackwell.

Herbert, David T., and Colin J. Thomas. 1997. *Cities in Space, City as Place.* New York: Wiley.

Hillman, James. 1978. *City and Soul.* Irving, TX: Center for Civic Leadership, University of Dallas.

Hinshaw, Mark L. 2007. *True Urbanism: Living in and near the Center.* Chicago: Planners Press.

Hiss, Tony. 1990. *The Experience of Place: A New Way of Looking at and Dealing with Our Radically Changing Cities and Countryside.* New York: Vintage.

Holland, Lawrence B., ed. 1966. *Who Designs America? The American Civilization Conference at Princeton.* Garden City, NY: Anchor.

Jacobs, Allan B. 1985. *Looking at Cities.* Cambridge, MA: Harvard University Press.

Jacobs, Jane. 1961. *The Death and Life of Great American Cities.* New York: Vintage.

Jauhainen, J. 1995. Waterfront redevelopment and urban policy. *European Planning Studies* 3 (1): 3–23.

Katz, Peter. 1994. *The New Urbanism: Toward Architecture of Community.* New York: McGraw-Hill.

Knowles, Ralph L. 1981. *Sun Rhythm Form.* Cambridge, MA, and London: MIT Press.

Kostof, Spiro. 1991. *The City Shaped: Urban Patterns and Meanings through History.* Boston: Little, Brown.

———. 1992. *The City Assembled: Elements of Urban Form through History.* Boston: Little, Brown.

Kriken, John Lund, Philip Enquist, and Richard Rapaport. 2010. *City Building: Nine Planning Principles for the Twenty-First Century.* New York: Princeton Architectural Press.

Kunstler, James Howard. 1993. *The Geography of Nowhere: The Rise and Decline of American Man-made Landscape.* New York: Touchstone.

Lewis, Roger K. 1987. *Shaping the City.* Washington, DC: AIA Press.

Lu, Weiming. 1983 (February). Contrast and continuity in public and private design. *Urban Design Review* 6 (1): 8–9.

Lu, Weiming, principal investigator. 1976. Urban Design Role in Local Government. (Research for the National Science Foundation).

Lynch, Kevin. 1960. *The Image of the City.* Cambridge, MA: Technology Press and Harvard University Press.

———. 1976. *Managing the Sense of a Region.* Cambridge, MA: MIT Press.

Lynch, Kevin, and Gary Hack. 1984. *Site Planning.* Cambridge, MA: MIT Press.

Peirce, Neal R., and Robert Guskind. 1993. *Breakthroughs: Recreating the American City*. New Brunswick, NJ: Center for Urban Policy Research.

Punter, John. 2010. Planning and good design: Indivisible or invisible? A century of design regulation in English town and country planning. *Town Planning Review* 81 (4): 343–80.

Ringland, Gill. 1998. *Scenario Planning: Managing for the Future*. Chichester and New York: Wiley and Sons.

Sardello, Robert, and Gail Thomas. 1986. *Stirrings of Culture: Essays from the Dallas Institute*. Dallas: The Institute.

Schon, Donald A. 1983. *The Reflective Practitioner: How Professionals Think in Action*. New York: Basic.

Sudjic, Deyan. 1992. *The 100 Mile City*. Harcourt Brace.

Whyte, William H. 1988. *City: Rediscovering the Center*. New York: Doubleday.

**Creative cities**

American Council for the Arts. 1979. *The Arts in the Economic Life of the City*. New York: The author.

Florida, Richard. 2002. *The Rise of the Creative Class*. New York: Basic.

Gertler, Meric. 2004. *Creative Cities: What Are They For, How Do They Work, and How Do We Build Them?* Ottawa: Canadian Policy Research Networks.

Graham, Stephen, and Simon Marvin. 2001. *Splinter Urbanism*. London and New York: Routledge.

Hudnut, William H. Chair. 2001 (February). Artscape: Mayors' Forum on Public Policy. *Urban Land Magazine* 60 (2): 61–67.

Jordan, Fred. 1988 (July). Arts districts can paint downtown the color of money. *Governing*, 40–45.

Kartes, Cheryl. 1993: *Creating Space: A Guide to Real Estate Development for Artists*. New York: American Council for the Arts.

Kotkin, Joel. 2000. *The New Geography: How the Digital Revolution Is Reshaping the American Landscape*. New York: Random House.

Lu, Weiming. 1988 (October). A new way of integrating arts into development strategy. The Role of the Arts in Urban Regeneration Symposium. The American-European Community Trust, Leeds Castle, Kent, England.

———. 1988 (October). Artists housing and the building of a creative community. Arts and the Changing City: An Agenda for Urban Regeneration Conference. The British American Arts Association, Glasgow, Scotland.

McKethan, Aaron, and Meenu Tewari. 2005 (November). *Prospering from Within: Identifying and Nurturing Local Assets*. Innovation Online, Institute of Emerging Issues, Raleigh, NC.

McKnight Foundation, The. 1996. *Here + Now: A Report on the Arts in Minnesota*. St. Paul: The author.

Mitchell, William J. 1996. *City of Bits: Space, Place, and the Infobahn*. Cambridge, MA: MIT Press.

Porter, Robert, ed. 1980. *The Arts and City Planning*. New York: American Council for the Arts.

Verwijnen, Jan, and Lehtovuori Panu, eds. 1999. *Creative Cities: Cultural Industries, Urban Development and the Informational Society.* Helsinki: UIAH.

### Bruce Vento Nature Sanctuary

Emmons and Olivier Resources. 2003. Bruce Vento Nature Sanctuary at Lower Phalen Creek: An Overview of Wetland and Ecological Restoration.

Jackson, J. B. 1980. *The Necessity for Ruins.* Amherst: University of Massachusetts Press.

Martin and Pitz, Landscape Consultants. 2001. Lower Phalen Creek Master Plan: Improving Our Watershed, Revitalizing Our Communities.

Martin and Pitz Associates. 2007 (March). Bruce Vento Sanctuary Master Plan Update: Interpretive Center Area.

Michael Hough. 1984. *City Form and Natural Process: Toward A New Urban Vernacular.* New York: Van Nostrand Reinhold.

Monks, Vicki. 2006. Off the track. *Land and People* 18 (1): 20-25, 28-29. (Trust for Public Land).

106 Group Ltd., The, and Emmons and Olivier Resources. 2003. Assessment of Wakan Tipi/Carver Cave.

Rafferty Rafferty Tollefson Lindeke Architects and James Miller Investment Reality Company. 2012. Bruce Vento Nature Sanctuary Interpretive/Cultural Center Feasibility Study.

Van der Ryn, Sim, and Stuart Cowan. 1996. *Ecological Design.* Washington, DC: Island Press.

### Sustainable Development

Armstrong, Robert, and Ernest Moniz. 2006 (May). Report of the Energy Research Council. Cambridge, MA: MIT Energy Research Council.

Chambers, Neil B. 2011. *Urban Green: Architecture for the Future.* Palgrane Macmillan.

Friedman, Thomas L. 2008. *Hot, Flat, and Crowded: Why We Need a Green Revolution—and How It Can Renew America.* New York: Farrar, Strauss and Giroux.

Holden, John P., Gretchen C. Daily, and Paul R. Ehrlich. 1995. The meaning of sustainability: Biogeophysical aspects. In *Defining and Measuring Sustainability,* ed. Mohan Munasinghe and Walter Shearer. Washington, DC: World Bank, 1995.

Howarth, Richard. 1992. Intergenerational justice and the chain of obligation. *Environmental Values* 1 (2): 133–40.

Meadows, Dennis, Donella Meadows, and Jorgen Randers. 1993. *Beyond the Limits: Confronting Global Collapse, Envisioning a Sustainable Future.* White River Junction, VT: Chelsea Green.

Redclift, Michael. 1991. The multiple dimensions of sustainable development. *Geography* 76 (1): 36–42.

Sitarz, D., ed. *Agenda 21: The Earth Summit Strategy to Save Our Planet.* Boulder, CO: Earthpress, 1994.

Solow, R. 1993. Sustainability: An economist's perspective. In *Economics of the Environment,* ed. R. Dorfman and N. Dorfman, 3rd ed., pp. 179–87. New York: W.W. Norton.

Steffen, Alex, ed. 2008. *Worldchanging: A User Guide for the 21st Century.* New York: Harry N. Abrams.

World Commission on Environment and Development. 1987. *Our Common Future.* Oxford, UK: Oxford University Press.

**Dallas Planning and Development**
*Urban design*

Stern, Julie D., ed. Dallas heats up: Real estate blazes the way. 1998. *Urban Land Magazine* 57 (9): 16–123.

*Dallas Morning News.* 1978 (December 22). Weiming Lu: A planner's legacy (editorial).

Dillon, David. 1986. Planning in Dallas. Profile: Weiming Lu. In *Dallas Architecture 1936–1986,* 119–59. Dallas: Texas Monthly Press.

Ecker, Betty Cook. 1974 (April). Weiming Lu's mental city. *Southwest Scene Magazine,* 10–12.

Lu, Weiming. 1972 (January). Searching for responsive design—Envisioning Dallas's future. *Texas Architect* 22 (1): 1-6.

———. 1978. Toward a living city. In *Dallas Sights: An Anthology of Architecture and Open Spaces,* 10–17. Dallas: Dallas Chapter American Institute of Architects for the 1978 National AIA Conference .

———. 1984 (October). Defining and Achieving Community Goals: Dallas' Challenges and Achievements. Preparation for Chattanooga Dialogue '84.

———. 2003. The Tao of city design: Guiding Dallas' rapid growth. *Overseas City Planning Magazine* 18 (5): 57–67. (China, in Chinese)

Reece, Ray. 1976 (November/December). One-horse town grows up: Urban design in Dallas. *Texas Architect,* 18–21.

Webb, Dorothy. 1976 (August). City design is a high priority in big "D." *Nation's Cities Magazine,* 14–18.

*Dallas Historic Preservation*

Lu, Weiming. 1976. Public commitment and private investment in preservation. In National Trust for Historic Preservation, *Economic Benefits of Preserving Old Buildings,* 35–44. Washington, DC: Preservation Press.

———. 1980. Preservation criteria: Defining and protecting the design relationship. In National Trust for Historic Preservation, *Old and New Architecture: Design Relationship,* 186–202. Washington, DC: The Preservation Press.

Woodcock, David. 1978. Texas contexts: Reaping the past in Texas. *Architectural Review* 164 (981): 310–25.

*Dallas Neighborhood Conservation*

Lu, Weiming. 1976. Urban design and conservation in Dallas. *Journal of Architectural Education* (Special issue: *Preservation and Conservation: Perspectives, Programs, Projects,* ed. Robert H. McNulty) 30 (2): 29–32.

Lu Weiming, Robin McCaffrey, Janet Needham, Chih Hsing Pei, and Gary Skotnicki. 1975. *El Barrio Study: The Rebirth of Little Mexico.* Dallas Department of Urban Planning.

Lu, Weiming, Robin McCaffrey, Janet Needham, and Craig Melde, 1973. *Swiss Avenue Survey, Preservation Ordinance.* Dallas Department of Urban Planning.

Lu, Weiming, Robin McCaffrey, Janet Needham, and Heather Davies. 1974. *Visual Form of Dallas*. Dallas Department of Urban Planning.

Sloan, Bill. 1979 (February). Re-weaving Dallas' ethnic fabric. *Dallas Magazine,* 18–20, 43–45.

Webb, Dorothy. 1977 (May). Creative neighboring—neighborhood notebook. *Nation's Cities Magazine,* 11.

### *Dallas Art District*

Carr/Lynch Associates. 1977. Art District Plan. For City of Dallas in collaboration with nine local art organizations.

Hammer, Siler, George Associates. 1977. Economic Impacts of Selected Arts Organizations on Dallas Economy.

Lu, Weiming. 1978 (January). Developing Arts Facilities: Creation of the Dallas Arts District. Winter Conference on Planning for the Arts, Urbana, IL.

Snedcof, Harold R. 1985. Dallas art district. In *Cultural Facilities in Mixed-Use Development,* 176–95. Washington, DC: Urban Land Institute.

### *Dallas Environment Protection*

City of Dallas. 1974. *Report of the Environment Quality Committee.*

Lu, Weiming. 1983 (Summer). Who can drive down Lemmon Avenue and Sing "America the Beautiful"?: How Dallas passed a strong sign ordinance. *Urban Resources Magazine* 1 (1): 2–21.

Lu, Weiming, Marvin Krout, and Peter Allen. 1977. The Escarpment Report: Environment Assessment and Design Guidelines for the White Rock Escarpment. City of Dallas.

Philip Lewis. 1972. The Dallas Ecology Study. Department of Planning and Urban Development, City of Dallas.

### *Dallas Legislation and ordinances*

Dallas City Council. 1973 (March) and 1974 (April). Dallas Landmark Preservation Ordinance and Amendment.

———. 1973 (April). Dallas Sign Ordinance.

———. 1973 (September). Swiss Avenue Preservation Ordinance.

———. 1976 (June). West End Historic District Preservation Ordinance. (Includes Texas School Book Depository).

———. 1977 (May). South Boulevard-Park Row Preservation Ordinance.

## Minneapolis Planning and Development
### *Downtown Minneapolis*

City of Minneapolis and Minneapolis Chapter of American Institute of Architects (Design team: Weiming Lu, lead, with Robert Schimke, Donald Torbert, Thomas Hodne, Charles Wood, Dennis Grebner, Alden Smith, Gene Peterson, Richard Arnold, Richard Heath, Barbara Lukerman, and Zane Shaftel). *Toward a New City* (Minneapolis Urban Design Study and Exhibit). 1965. Walker Art Center, Minneapolis, and Joslyn Museum, Omaha, Nebraska (1969).

Downtown Council (Minneapolis). 2011. Downtown 2025 Plan.

Lu, Weiming. 1985 (September). Rediscovering the Mississippi. Waterways in the City Conference, Osaka, Japan.

———. 2004 (March). Re-envisioning Minneapolis: Committee of Urban Environment's Roles and Accomplishments. Presentation to the Minneapolis City Council.

———. 2004. Nicollet Mall: Pedestrianization of downtown. In *Global Urban Design Practice,* 5: 159–62. Beijing: China Architecture and Building Press. (Translated to Chinese).

Lu, Weiming, and Richard Heath. 1964 (March). Urban design in the Twin Cities. *Planning Magazine.* (American Planning Association, Special Issue on Twin Cities).

Lu, Weiming, design team leader. 1970. MetroCenter Plan. City of Minneapolis.

Minneapolis Planning and Development Department, Minneapolis Chapter American Institute of Architects, and Minneapolis College of Arts and Design. 1965. Toward a New City: A Preliminary Report on Minneapolis Urban Design Pilot Study.

Nathanson, Iric. 2010. *Minneapolis in the Twentieth Century: The Growth of an American City.* St. Paul: Minnesota Historical Society Press.

### Historic Preservation in Minneapolis

Ross, Hardies, O'Keefe, Babcock, McDugald & Parson. 1969. Preserving the Heritage of Minneapolis. (Consultant report).

Torbert, Donald. 1969. Significant Architecture in the History of Minneapolis. (Consultant report).

Borchert, John R., David Gebhard, David Lanegran, and Judith A. Martin. 1983. *Legacy of Minneapolis: Preservation amid Change.* Stillwater, MN: Voyageur.

### Southeast Minneapolis

Metropolitan Design Center, College of Design, University of Minnesota. 2010 (November). Urban Design Framework for the University District.

Minneapolis Planning and Development Department. 1965. Plan for Southeast Minneapolis.

### Legislation and ordinances

Minnesota Legislature. 1971. Minneapolis Design Review Act.

———. 1971. Minnesota Municipal Heritage Commission Act.

National Registry. 1983. Lowertown Historic District.

## Chinese and other Southeast Asian Cities
### Chinese Architecture and City Planning History

National Palace Museum 1980. A *City of Cathy.* Taipei, Taiwan: The author.

Liang, Su-Cheng. 1984. *A Pictorial History of Chinese Architecture,* ed. Wilma Fairbank. Cambridge, MA: MIT Press.

Liu, Dunjen, ed. 1984. *History of Ancient Chinese Architecture.* Bejing: China Architectural Press.

Sullivan, Michael. 1999. *The Arts of China,* 4th ed. Berkeley: University of California Press.

Steinhardt, Nancy Shatzuan, Fu Xinian, Else Glahn, Robert L. Thorp, and Annette L. Juliano. 1984. *Chinese Traditional Architecture.* New York: China Institute of America.

Tsinghua University, School of Architecture. 1990. *Summer Palace: Chinese Landscape Architecture Heritage.* 2 vols. Taipei:Taipei Architect Association Press. (In Chinese).

Wiseman, Carter. 1990. *I. M. Pei: A Profile in American Architecture.* New York: Harry Abrams. *See* pp. 184–207, on Fragrance Hill Hotel.

Wu, Liangyong. 1994. *The Old City of Beijing and Its Ju'er Hutong Neighborhood.* Beijing: Chinese Architectural Press. (in Chinese).

### *Beijing*

Beijing Municipal City Planning Commission, ed. 2004. Conservation Plan for the Historic City of Beijing and the Imperial City of Beijing.

Campanella, Thomas J. 2008. *Concrete Dragon: China's Urban Revolution And What It Means For the World.* New York: Princeton Architectural Press.

Dawson, Layla. 2005. *China's New Dawn.* Munich: Prestel.

Miguel Ruano, guest editor. 1999. Instant China: Notes on an urban transformation. *International Architecture Review.* (Special Issue on urban transformation).

Li, Lillian M., Allison J. Dary-Novey, and Haili Kong. 2007. *Beijing: From Imperial Capital to Olympic City.* New York: Palgrave MacMillan.

Lu, Weiming. 1999. Shan Shui Ren Qing: Re-envisioning Eastern genius loci. In *Shan Shui Cities and Architecture,* ed. Bao Shixing and Gu Mengchao, 442–61. Beijing: China Architectural Press. (In Chinese).

———. 2005 (September). Building Nanjing as a megapolis with shan shui spirit. *Global View Magazine,* 260–64. (In Chinese).

———. 2007 (April 13–14). China's New Journey: From Economic Reform to the Beijing Olympics. Minnesota Humanities Center's Teacher Institute Seminar on China.

———. 2008 (July). Olympic and the new Beijing (in Chinese). *Global View Magazine,* 162–64.

———. 2008 (October). Building the Next Urban Village: Toward a Livable, Creative, and Sustainable City. Post Olympic Planning Symposium, Beijing.

Lu, Weiming,. and the Beijing Olympic International Design Competition Jury. 2002. Assessment Report on the Conceptual Design for the Olympic Green and the Wukesong Center.

Ouroussoff, Nicolai. 2008 (July 27). Lost in the new Beijing: The old neighborhood. *New York Times.*

Sassen, Saskia (ed.). 2002. *Global Networks, Linked Cities.* London, New York: Routledge.

### *Taipei*

Chin, Ruehwa, and Ponien Lin. 1991 (May). Current crisis and future hope for Taipei: Interview of Weiming Lu (in Chinese). *Open Space Magazine,* 18–19. (Taiwan).

Kao, Charles H. C. 1988. *Speaking Truthfully to the Powerful,* 256–62. Taiwan: Commonwealth. (In Chinese). *See* pp. 156–262, Weiming Lu: Eastern heritage, Western innovation. (In Chinese).

Lu, Weiming. 1970. Challenges and Opportunities for Urban development in Taiwan. Report to the Economic Development and Co-operation Committee and the United Nations Planning Team in Taiwan. (In Chinese).

———. 1988. Humanizing the Technopolis. Joint MIT/Cheng Kung University Workshop on Science Parks, Taiwan.

———. 1988. Lessons from Three Science Parks. Joint MIT/Cheng Kung University Workshop on Science Parks, Taiwan.

———. 1993. Recommendations to City of Taipei on major development projects: New Town, urban rejuvenation, city design, environmental protection, and open space.

Lu, Weiming, and Yuwen Hsieh. 1988. Strengthening Citizen Participation in Planning Review Process. Report to the Taipei Urban Planning Commission. (In Chinese).

### *Tokyo, Seoul, Singapore*

Lu, Weiming. 1985. Balancing Development with Conservation: A Strategy for Singapore's Chinatown. In Singapore's Chinatown: Planning for Conservation and Tourism (Pacific Area Travel Association Development Authority Task Force Report), 33–41.

———. 1988. On Organizational Design for Olympic Games. Olympics Planning Conference, Seoul, Korea. (In English and Korean).

———. 1992. Critical Elements in Urban Development Process. International Urban Design Forum, Yokohama, Japan.

———. 1994. Future of Urban Revitalization: Reflecting on U.S. Experiences. GC-5 Symposium on Future Scope of Urban Development in the 21st Century. Tokyo University.

———. 1998. Shan Shui Ren Qing: Re-envisioning Eastern genius loci. In Global Environment and Metropolis, ed. Kazuhiko Takeuchi and Yoshitsugu Hayashi, 249–86. Tokyo: Iwannami Shoten. (Translated to Japanese).

# 图片来源

Most illustrations are from the files of the Lowertown Redevelopment Corporation, now in the archives of the Minnesota Historical Society in St. Paul, or were taken by the author in St. Paul, Minneapolis, Dallas, or China. Over three decades, LRC worked in many partnerships, many of those photos and schematics are part of the LRC collection. Permission has been obtained where possible; despite persistent effort, the passage of time has in several cases precluded it. The author is grateful to all those listed below.

Where page positions are not noted, the credit applies to all illustrations in the row or on the page. For the positions listed, the following abbreviations apply:

| | | | |
|---|---|---|---|
| top | t | left | l |
| midpage | m | center | c |
| bottom | b | right | r |

The word left is spelled out in cases where the abbreviation might be confused for a number. In cases of four or five rows, the rows are designed *1, *2, *3, *4, and *5, from the top.

**Design Professionals**
Bentz/ Thompson/ Rietow Architects, Minneapolis: 41; 48 b; 52 *3; 55 tc; 121 t; 124 t; 154 br; 165 t; 171 br; 177 br
Carr/ Lynch Associates: 33 *1 left
Cermak Rhoades Architects; AEON (developer); Aaron Holmberg Studios (photos): 79 m, b; 108 b
Cunningham Architects, Twin Cities Public Television: 138 br
Dennis Grebner, Robert Isaacson, Community Planning and Design Associates: 27 *2r, 27 *3c, ELS Architecture and Urban Design: 47 b; 171 ml
Emmons & Olivier Resources: 150 br
Leo Mao, Leo Mao Architect Consulting Group (LMACG Ltd.): 82 bl; 131 t; 150 t, ml; 158 br; 165 mc; 184; 189 b
Majorie Pitz, Landscape Architect, Martin and Pitz Associates: 147 t; 150 bl; 151 t, b; 165 bl
Miller Hanson Partners, Architects + Planners: 48 t, m; 49 tl; 51 t
Pope Architects: 46 t
Rafferty, Rafferty, Tollefson, Lindeke Architects: 51 m; 58 m, bl; 78 t; 83 b; 159 b; 165; 166 bl; 177 b
Ralph Rapson, Rapson Architects: 27 *1r
Sasaki Associates, 17 t
Tianjin Hwahui Design, 17 t
Charles Woods, Site Planning and Landscape Architects: 26 *1
Zimmer Gunsul Frasca Architects LLP: 173; 182 bl; 188 b

**Photographers**
Community Design Center of Minnesota, photography students of of Leo Kim: Yao Lee 162 c; Ilyas Wehelie 162 r
Larry Englund: 144 br
Chris Faust: 119; 128; 133 b
Jeff Heegaard, HomeStyle Publishing: 138 *1 r
Greg Helgeson: inside back cover t
Jerome Liebling: 22 t
Jim Storm and Michael Vitt: 109 t
Cliff Yang: 137 b

**Painters**

Richard Abraham: 161 br
Joshua Cunningham: 161 t
Wang Dong-ling: 162 t

Tom Harsevoort: 175 bc
Zhuo Hejun: 15 t
Joseph Paquet: 161 bl

**Theatre**

Park Square Theatre, Lorca's Blood Wedding, Steven Kent Lockwood, Director: 94 br

**Public Agencies**

Beijing Municipal Institute of City Planning and Design: 15 bl; 16 t, mc, mr; 17 t, bl; Xing Fu: 15 br; 17 br
LTK (consultant): 180 b
Metro Center '85 Report: 27 *4 left; Linda Berglin, Graphic Designer: 20 *1 c and r
Minneapolis Committee on Urban Environment: 25 m, b
Minneapolis Urban Design Study, Charles Wood: 26 t; Alden C. Smith: 27 *2 left; Ralph Rapson 27 *1 r; Dennis Grebner: 27 *2 r, *3 c
Minnesota Historical Society (photo archives): 18 m, 124 bc; 127 b; 148; 163; 174
Mortenson Construction, HGA (architect), URS (consultant): 183
Ramsey County Rail Authority: 178 m, b; 195 b
Twin Cities Metropolitan Council: 29 b; 79 br; 182 t;196

**Nonprofit Organizations**

Lower Phalen Task Force: 153; 156 tl; 152 b;158 m, bl; 157 t; 171 mr
Twin Cities Public Television, Cunningham Architects: 138 *2 c, *4 r
Walker Art Center: 27 *3

**News Media**

Dallas (magazine): 33 *4 r
Minneapolis Star Tribune: 26 *3; 77; 79 t; 155 t; 179 t
St. Paul Pioneer Press: 74 b; 78 b; 79 t; 81 t; 85 b; 124 bm, 178 t; 179 b; 193, 199; 201-203
St. Paul Dispatch:75 br

**Weiming Lu**

14; 15 bc; 16 ml, bl, br; 17 bc; 18 b; 19; 20 *1 left, *2 left and r, *3 left, *4; 21;22 b; 23 t; 24; 25 t; 26 *2, *4; 27 *3 r, *4 c and r; 28; 31; 33 *2 left and r, *3 left and c, *4 left and c; 39 b; 42 b; 43; 44 t; 45; 46 bl, br; 49 *1 r, *2 r, *4; 52 b; 54 b; 55 tr, b; 56 t; 57 t; 58 t, bc; 59; 60; 61 t; 62 t; 63 t; 65; 76; 80 b; 82 bc, br; 84t, m; 95; 97; 100 t; bl; 101 bc; 102; 103; 105; 106 t; 107 t, bc, br; 108 t; 113; 122; 123 *1 left and c, *2 r, *3; 124 br; 125; 126 t, b; 127 t; 128 tc, tr; 129 t; 131 br; 132; 134 bc, br; 135; 136 t; 137 t; 138 *2 c and r, *3 (left), *4 left; 140 b; 141; 142; 143; 144 t, bl; 145; 149; 151 m; 152 t, m; 154 bl; 155 b; 156 tr, ml, mr, b; 157 *1, *2, b; 158 t; 160; 162 bl, 165 b; 167; 168 br; 170 m, br; 171 tr; 172 t; 175b; 180 t; 181; 189 t; 191; 192; 195~198; 200

# 作者简介

**卢伟民**，城市规划和发展专家，因其在美国城市重建和在世界各地的咨询工作，及在城市设计、城市保护和发展发面的著作和演讲而获得国际认可。

凭借远见卓识、坚持不懈的努力和良好的沟通能力，他帮助许多城市重建和社区发展，如圣保罗市中心的创意城市村庄、达拉斯活跃的艺术区，和为明尼阿波利斯做总体设计为宜居的北方城市。他还从事大量历史保护工作，包括推动明尼苏达州历史保护法，引起全州历史城区的保护与重建；达拉斯内城大整修；保护得克萨斯州教科书储藏所，并在顶楼兴建博物馆。

他还应邀参与很多国际项目，如担任北京奥运场地设计国际竞赛评审、台北市重大建设案、1992 年洛杉矶中南区暴动后重建、旧金山和西雅图城中心河滨发展、北京、上海及南京的规划和发展、新加坡牛车水重建等。他也为美国住房和城市发展部、美国国家艺术基金会和美国历史保护信托协会担任顾问。

他在学术界甚为活跃。曾担任美国都市规划学会都市设计分会会长、全美建筑业学会顾问、美国市长都市设计学院讲师。时常应邀在大学讲学，如哈佛大学伯克利分校、清华大学、同济大学、华沙大学、首尔大学等等，并担任东京大学访问教授及麻省理工学院东亚地区规划和建筑实验室顾问，参加中日美韩各国交流。

他的著作有《山水人情再创——东方气质城市》(中文版)、《Hosting the Olympics》(英韩对照)、《Urban Design Roles in Local Government》、《台湾都市之危机与希望》、《Strengthen Citizen Participation in Taipei Planning Process》和《Strategy for Singapore Chinatown"s Conservation》。合著作品有《Economic Benefits of Preserving Old Buildings》、《Old and New Architecture Design Relationships》、《地球环境和巨大都市》(日文版)。

他还在国内外许多期刊上发表过文章，如《Planning》、《Architecture Journal》、《Urban Design》、《天下》、《远见》、《空间》、《建筑师》、《北京规划建设》、《Nation's Cities》、《Preservation Forum》、《Urban Resources》、《Architecture Minnesota》、《Winter City Forum》、《Consulting Engineer》。

此外，许多图书上也收录了他在规划与发展方面的文章，如《American's Downtowns: Growth, Politics, and Preservation》、《Changing Places: Rebuilding Community in the Age of Sprawl》、《Urban Rejuvenation in America》（日文版）、《CRM: The Journal of Heritage Stewardship》、《The Return of the Livable Cities: Learning from America's Best》、《Reinventing Government: How the Entrepreneurial Spirit is Transforming the Public Sector》、《Dallas Architecture 1936-1986》、《Dallasight》、《Urban Design and Seismic Safety》。

他的都市设计及发展策略曾于若干艺术馆展出，如明尼阿波利斯市沃克艺术中心及达拉斯艺术博物馆。他的规划理论及发展过程还被拍成电影，一部是双子城公共电视台拍摄的《Lowertown: The Rise of a New Urban Village》；另外一部是美国住房和城市发展部拍摄的电影《Design Urban Environment》，并代表美国城市，在联合国人居会议上放映。

他曾应邀参加许多国际研讨会，如 2008 年于南京举行的联合国世界都市论坛和于北京举行的奥运后国际论坛，1998 年于伦敦举行的艺术与都市再生会议，1981 年于华沙举行的美国波兰古迹保护会议，1979 年于东京举行的防震及都市设计会议等等。

美国知名都市评论家 Neal Peirce 在其专栏推崇圣保罗下城重建为"城市村庄建设模范"，在 150 余家报章登载。他曾获多种奖项，包括 1985 年在白宫颁发的总统卓越设计奖，及 2006 年美国历史保护协会荣誉奖。

# 译者简介

**林铮颢**，台湾大学历史系毕业，东京大学东洋史学研究所硕士毕业。旅居西雅图十余年，为当地华文报纸《西华报》和《华声报》撰写评论、专栏多年。译有《住宅巡礼》、《住宅读本》、《意中的建筑》、《西洋住居史》、《华丽的双轮主义》、《罪恶的代价》、《西方主义》、《自然的建筑》、《镜像下的日本人》等书。